谈话的艺术

The Art of Conversation

陶辉◎编著

中国纺织出版社有限公司

内 容 提 要

人与人之间都需要谈话，谈话是我们生活中最为常见，也最为随意的一种沟通方式，但很多人因为不会谈话，说了不该说的话而得罪人。实际上，无论是谁，都应该掌握谈话的艺术。如果与谁都能谈得来，则工作和生活一定会大有改观。

《谈话的艺术》从日常生活中的谈话技巧出发，以"谈话"为主线，教会我们如何与各种性格、身份的人更好地沟通。阅读本书，相信你能很快提升自己的谈话能力，进而能更轻松地达成自己的谈话目的，让自己的生活更美好。

图书在版编目（CIP）数据

谈话的艺术 / 陶辉编著. -- 北京：中国纺织出版社有限公司，2022.7
ISBN 978-7-5180-9382-3

Ⅰ.①谈⋯ Ⅱ.①陶⋯ Ⅲ.①谈话法 Ⅳ.①B841

中国版本图书馆CIP数据核字（2022）第044292号

责任编辑：刘桐妍　　责任校对：高　涵　　责任印制：储志伟

中国纺织出版社有限公司出版发行
地址：北京市朝阳区百子湾东里A407号楼　邮政编码：100124
销售电话：010—67004422　传真：010—87155801
http://www.c-textilep.com
中国纺织出版社天猫旗舰店
官方微博 http://weibo.com/2119887771
三河市延风印装有限公司印刷　各地新华书店经销
2022年7月第1版第1次印刷
开本：880×1230　1/32　印张：7
字数：114千字　定价：49.80元

凡购本书，如有缺页、倒页、脱页，由本社图书营销中心调换

前　言

　　我们都知道，人与人之间沟通的主要媒介就是语言，会不会说话真的太重要了。古人曾说："三寸之舌，强于百万之师。"西方有位哲人也说过："世间有一种成就可以使人很快完成伟业，并获得世人的认可，那就是口才。"这些都强调了口才的重要性，应用到我们的日常生活中，就是聊天。

　　好口才的一个重要体现就是谈话，会谈话的优势是全方位的。生活中，它能帮你开启与人谈天说地、交流感情、拉近距离的阀门，从而发展天长地久的友谊，赢得忠贞不渝的爱情；当你与他人关系出现瑕疵时，它是修复伤痕、治愈心灵的疗伤神药。工作中，它能帮你快速与同事熟络，营造和谐的办公室氛围；还能在领导面前留下深刻印象，获得岗位升迁。所以，我们可以说，要想获得好人缘，就要善于与人谈话。

　　的确，我们发现，那些深谙谈话技巧的人似乎总是能左右逢源，他们能得到那些素不相识的人的支持，能带动交际场合的说话氛围，能消除与他人之间的误会，能说服他人、达到自己的目的。

　　然而，你可能会产生疑问，该如何与人谈话，如何找话题，又该如何引导话题呢？的确，说话容易，但要把话说好，并不是一件容易的事情，尤其对于口才不佳、想要提升谈话水平的人来说更不是一日之功，需要通过长期的努力。

因此，我们必须从现在起，就在生活和工作中有意识地提高自己的谈话水平，因为任何人都不是天生的语言学家，都不可能生来就掌握说话的技能。其实，任何人，只要做到不断学习和提高，都能轻松驾驭语言，做到口吐莲花、能言善辩、巧舌如簧、打动人心。

事实上，可能我们每个人的都希望找到一个语言导师来帮助自己提高聊天水平。但寻找的过程是艰难的，通过本书，我们能认识到谈话能力在当今社会中的重要性，也能欣赏到那些口才高手们是如何与人谈话的。本书从生活中的各个场景出发，给出了具体的训练方法，从而教会我们如何提高自己的谈话能力，相信会对广大读者有所帮助。

编著者

2021年10月

目　录

第一章

轻松寒暄：掌握主动，谈好开场

🎤 大方地介绍自己，留下完美初印象

人都说一回生、两回熟。"两回"不难，难就难在头"一回"。难在哪儿呢？难在面对的是陌生人，不知该从什么话说起，不知该说什么话，不知想说的话会不会让人听了感觉不悦……也就是说，面对陌生人，最难的就是如何通过自我介绍，给对方留下好的第一印象。其实，如果我们懂得抓住对方的心理，用一番别具特色的语言，定是能打动对方的。

一次非正式聚会中，一位老师将两个初出茅庐的大学毕业生引荐给某作家认识。男生A这样介绍自己："您好，我叫某某，今年刚毕业，正在找工作。"这位作家一听，当时有点愣，可能是头一次听人这么介绍自己，只好接话说："是吗？那加油啊，祝你早日找到满意的工作。"

而女生B的介绍则完全不同，她介绍自己的方式是拉近距离形成对比："你好，听说你是一位作家。"这位作家赶紧谦虚地说："哪里算作家，就是随便写写。"女生B笑吟吟地说："我也是，不过我更喜欢画画，我是一名美院毕业的学生。"很快，女生B和这位作家产生了两个共同的话题——写字和画画。等到聊得比较热烈之后，女生B自然地提到找工作的事，而这位作家则表示可以引荐她认识在美术馆和画廊工作

的朋友，一切来得水到渠成。

很明显，男生A的自我介绍是不得要领的。首先，他和这位作家完全不熟，在作家对他的性格和特长一无所知的情况下，他传达给作家一个他正在找工作的讯息，属于无效信号。无疑，这会让这名作家产生这样的心理：此人不懂礼数。而女生B的自我介绍则注重从拉近与陌生人的距离开始，以攻心为主，每一句话都说到作家心里去了，自然就赢得了作家的好感，成功得到作家的指点也自然是水到渠成的事。

单位突然请了一名资深顾问，这名顾问看似成熟，却令单位小叶很不满。虽然是第一次见面，但这位顾问却突然问小叶："我叫××，你有男朋友吗？一定没有吧？你看起来好严肃呀！"还一直问小叶："喂，你叫什么来着？"小叶心想，就算比别人资深，也要顾好自己在别人眼里的第一印象吧！不仅小叶，单位其他同事也对这位成熟男士印象不好。

很明显，这位新来的顾问，因为说话太过招摇，而让同事产生了不好的印象。

和这位资深顾问不同的是，新来的小唐的自我介绍就很好：

小唐第一天上班，她的工作就是负责接电话，但是对方好像听不懂她在说些什么，她表现得很紧张，用手捂着话筒对李姐说："李姐，我是新来的小唐，早上也没跟您介绍一下，真对不起。客人好像不懂我在说什么，我刚来对业务也不太熟，您能帮我向他说明吗？"

原本还觉得新来的小姑娘不懂事的老职员李姐一下子怒意全无了，她心想：看她的样子虽然很可笑，不过如此认真的态度倒是让人颇有好感，让别人也愿意帮她，比一些不懂装懂而误事的人强多了。

总之，自我介绍是一门学问。自我介绍的每一句话都要说到对方心里去，散发出你的交际品质，让对方觉得你是一个有个人风格的人，对你产生良好的印象，也就成功达到了攻克"陌生人心理堡垒"的目的。

那么，与陌生人初次见面的过程中，应该怎样大方地介绍自己，才能给对方留下个好印象呢？

1.巧妙地介绍自己的名字

与人初次见面时，想让对方记住自己，最简单的办法就是让对方记住自己的名字。比如，你可以对自己的名字做一个简单但容易被别人记住的介绍："我姓接，接二连三的接，认识我，你会有接二连三的好运！"

2.自我介绍要摆脱陌生人情结

其实每个人跟陌生人交谈时内心都会不安，一定要自己先放下陌生人情结。面对陌生人不需要特意装模作样，不过也要表现出你的诚意。只有这样，才能显出你的大方和热情，而不至于忸怩作态，才会让对方觉得你是一个有良好交际品质的人，从而愿意与你进一步交往。

3.解读现场的气氛与对方的心态

自我介绍不可太过冗长，有时候只需要简短的一两句话，因为吸引别人的也许正是开篇的某个亮点。同时，我们在介绍自己的时候，要避免谈论会让人讨厌的话题，不要一个人一直发表高见，也要学习倾听别人说话。解读现场的气氛，看准时机再发言。

4.保持谦虚低调

我们在自我介绍的时候，除了突出自己的亮点，还是谦虚低调为好，免得让别人留下"此人爱吹牛"的第一印象。

出入社交场合，免不了要自我介绍一番。很多人觉得这很容易："您好，我叫××，唱二人转的，很高兴认识你。"这不就好了？如果一个陌生人这样和你说话，像这样平淡无奇的介绍，下次见面时，你十有八九会忘记对方的名字，甚至压根儿忘掉这个人。忘记别人可能会尴尬，不被人记住才最可悲。所以，赶紧给自己的名字想一个有趣的介绍吧！

友善的问候，是人与人之间交往的开始

称呼，是人际交往中一方对另一方的称谓。虽然在平日的生活中，我们并没有过多地重视称呼的变化，但实际上，善于称呼才能为你赢得好感。在我们日常交际中，称呼是一种很

友善的问候，也是人与人之间交往的开始。中国自古就是一个文明的国家，逐渐形成了一种文明规范的礼貌称呼，当然，也有朋友之间的昵称或者绰号。因而，在某些时候，怎么称呼别人，成为一件很讲究的事情。如果你能够称呼恰当，会让对方感到很亲切，也能够帮助你在人际交往中如鱼得水，事半功倍，给对方留下一个良好的印象。相反，如果你称呼不恰当，往往会惹得对方不快，甚至产生恼怒情绪，这样也会使双方的交流陷入尴尬的境地，导致交流失败。

在小学教育集团的校园里，出现了这样的现象，不论是打招呼，还是公务往来，许多老师之间不再直呼其名，取而代之的是更显亲切的别样称呼。

"伟明，我们班明天上午第一节课需要教导处安排一下，谢谢你了！"

"海大哥，明天我试教，麻烦你来听一下，多提宝贵意见噢。"

"阿坤，我们班的阳光指数好像有些出入，我想和你讨论一下。"

"萍大小姐，今天下午1点，少儿频道来采访你们班的'道德银行'，你准备一下。"

这些天来，不断地在办公室听到这样的称呼。被称为萍大小姐的方萍老师笑言："刚开始时还觉得不习惯，可后来才发现这样的称呼挺有意思的，比以前的直呼其名亲切多了，我们在这样一种轻松的氛围中愉快地工作，连工作效率也提高了不少。"

这种变化是从新校长来了之后开始的，当校长亲切地称呼老师的时候，老师们感觉好像一家人一样。老师们做起事情来也更显主动，增强了集体荣誉感，和谐了领导和下属、同事与同事之间的关系。

1.不可直呼其名

一直以来，西方主要以直呼其名为称呼的方式，但对于一直主张文明礼仪的中国，这样的称呼方式并不恰当。也许，有的人觉得只要不是自己的父母长辈，便可直呼其名称呼他人了，这样也给自己省去了不少麻烦。殊不知，即便是不怎么熟悉的同事，如果你以直呼其名的方式来招呼他人，只会让对方感觉到不受尊重。所以，对于绝大多数人来说，他们都会在正式的拜访场合或者日常的交际场所，舍弃直呼其名而选取别样的称呼，这样反而会给对方一种特别的亲切感。

2.什么是到位的称呼

有人会感到不解，什么是到位的称呼？顾名思义，也就是适宜的称呼，这样的称呼首先必须是恰当的，还必须以亲切感为原则。除了我们日常生活中稍微正式一点的"××先生""××小姐"，别样称呼不仅体现了尊重的意味，还有别于"先生""小姐"带来的生疏感，以一种别样的亲昵缩短双方之间的距离。所以，舍弃直呼其名的称呼方式，选取别样的称呼，这样会让你在复杂的人际交往中轻松自如。

3.带点亲昵的称呼

以中国人传统的礼仪，许多人觉得"长幼有序"，而彼此熟悉的同辈之间就可以"直呼其名"，虽然这样的称呼也是无可厚非的，但是，却少了一份亲昵。所以，要想致力于在人际交往中建立融洽的人际关系，就不应该直呼其名，而是选择带点亲昵的称呼，这样在无形之中会拉近彼此的距离，增加亲切感，同时也让寒暄变得更加自然。

如何称呼他人，看似很简单，却是一门不简单的学问。有的人习惯以"请问是某某吗？"或者客气地说"某某，您好"，这样直呼其名，一下子就拉开了彼此之间的距离，而且直呼其名也显得很不尊重。那么，这时候，我们就需要以别样称呼来代替直呼其名，如此恰到好处的称呼会让我们的寒暄听起来更贴切自然，所产生的交际效果也是意想不到的。

说好"场面话"，"场面话"是交谈的润滑剂

你是否有过这样的经验，当你偶然进入一个陌生的地方，那里有你熟悉和不熟悉的朋友，他们看见你来了，立即起身用几句客套话对你表示欢迎，然后请你坐下来寒暄几句。这样一来，双方的感觉都很不错，感情自然也会更进一步。"场面

话"是交谈的润滑剂，它能在陌生人之间架起友谊的桥梁。两人由于初次见面，对彼此都不太了解，往往陷入无话可说的尴尬场面。这时我们不妨以一些"场面话"为开头，比如，"天气似乎热了点！"或者"最近忙些什么呢？"等。虽然这些"场面话"大部分并不重要，然而，正是这些话才使初次见面者免于尴尬的沉默。最为重要的是，会不会说"场面话"是一个人懂不懂礼数的重要表现。从心理学的角度看，人们都喜欢与知晓礼数的人交谈。为此，说好客套场面话，是敲开陌生人心理大门的一个重要方面。

在交际过程中，经常使用客套话、场面话和寒暄语，可以消除陌生心理，促成彼此间的良好交往，正如培根说过的："得体的客套和美好的仪容，都是交际艺术中不可缺少的。"所以，会交际的人应当像司机精通交规一样，熟悉和掌握好各种客套话。

在古典名著《红楼梦》中，就有许多经典的场面话。在《刘姥姥进大观园》一回中，刘姥姥找到周瑞的娘子时，两人就用了许多场面话彼此寒暄。

周瑞娘子迎出来问："是哪位？"刘姥姥忙迎上来问道："你好呀，周嫂子！"周瑞娘子认了半天，方笑道："刘姥姥，你好呀！你说说才几年呀，我就忘了。请家里来坐罢。"刘姥姥边走边笑道："你老是贵人多忘事，哪里还记得我们呢。"来至房中，周瑞娘子命小丫头倒上茶来吃，在问些别后闲话后，又问姥姥："今日是路过，还是特来的?"刘姥姥便说："原是特来瞧瞧嫂子你，二则也请请姑太太的安。若可以领我见一见更好，若不能，便借嫂子转达致意罢了。"

在这段对话中，刘姥姥与周瑞娘子说的大部分都是场面话。刘姥姥通过一番场面话，让周瑞娘子觉得，刘姥姥虽然是个出身寒酸的人，但还是很懂礼数的。而同时，刘姥姥也化解了自己寒酸的身份，之后双方再聊起正题就显得亲切许多，自然，周瑞娘子也会给刘姥姥一个见主子的机会。一些本来不好开口的话，经过场面话的客套之后，听起来就舒服多了。因此，在交际过程中，一定要重视场面话的作用，特别是当你与陌生的人或不熟悉的人交往时，场面话无疑是打破距离障碍的第一把钥匙。

一般来说，"场面话"有以下几种：

1.当面称赞人的话

诸如称赞小孩子可爱聪明，称赞女士的衣服大方漂亮，称赞某人教子有方……这种场面话所说的有的是实情，有的则与事实有相当的差距，说起来虽然"恶心"，但只要不太离谱，听的人十之八九都感到高兴，而且旁人越多他越高兴。因为事实上，每个人都愿意听赞美的话，尤其是公开赞美的话，对方接受起来也更容意。

2.当面答应人的话

和陌生人交往，如果对方希望你帮什么忙，即使你不能帮忙，也不能当面拒绝。因为场面会很难堪，而且会马上得罪人。你可以说这样一些场面话，诸如"我一定全力帮忙""有什么问题尽管来找我"等。给足对方面子，不至于让他下不来台，他也会觉得你是个顾全大局的人。

3.特定场合的客套话

另外，我们要记住一些特定场合下有针对性的客套话。比如，在打扰别人或者给对方添麻烦时，要真诚地说一声"对不起""不好意思"，一旦没有了这句话，对方可能很长时间还对此事耿耿于怀；在求人办事后，要真诚地说声"谢谢""拜托您了"，如果没有这句客套，对方会认为你求人的态度不够真诚或者认为你不懂礼节，对你的印象大打折扣；在作报告或者讲话时，可以先这样客套一下："我的讲话水平不高，讲得不好，还请大家见谅""如果讲得不好，还望大家多多指正"……这类客套话表面上看似随口而出，实际上确实起到了表现自身涵养的作用。

会说场面话的人，都是交际场中的老手，即使是陌生场合，无论遇到多大身份的人也不会觉得不好意思，更不会冷场。可见，场面话的运用就像一把打开话匣子的钥匙，它可帮助你和陌生人顺利地谈话。因此，在与陌生人说话的时候，我们需要掌握一些"场面话"的说法，并在三言两语之间，轻松让对方为我们打开心门。

巧妙寒暄，积极的语言会感染别人

在某些沉闷的环境里，很多人不愿意开口跟陌生人说一句话，那是出于一种防备和自尊心理，此时最关键的是激起说话对象的某种情绪，让他慢慢开始滔滔不绝。而这就需要我们多说些积极的话语。因为通常来说，人们在快乐与不快乐这两种情绪中，会下意识地选择快乐的情绪。

举个很简单的例子：设想你正在乘坐火车，你已坐了很久了，而前面还有很长的一段路程。你想与他人讲讲话，而如果你对对方说："真是一条又长又讨厌的旅程，你是否也有这种感觉？""是的，真讨厌。"对方肯定会这样回答。而接下来，你会发现，无论你说什么，他对你的回应都会是草草应付。这是为什么呢，因为你的开场已经给他带来了不快的情绪。语言可以表现一个人的人格，积极的语言会感染别人，使他人得到鼓舞和关怀。我们来看看意大利著名女记者奥琳埃娜·法拉奇的一次采访经历：

20世纪80年代，法拉奇打算到中国对某位领导人进行一次专门采访。然而，当时中国刚刚改革开放，在此之前中国与西方世界有着长达几十年的冷战，法拉奇非常担心这次专访能否成功。于是，在采访前，她翻阅了许多有关采访对象的书籍，在看到一本传记时，她注意到这位领导人的生日是1904年8月22日。于是，她脑海中有了些想法。

1980年的8月22日，中国某领导接受了法拉奇的专访。

"先生，首先我谨代表我们意大利人民祝福您，祝您生日快乐！"法拉奇十分谦逊有礼地说道。

"我的生日？我的生日不是明天吗？"领导回答。或许是工作太繁忙了，他已经忘记了自己的生日。法拉奇这么一说，他自己也搞糊涂了。

"没错的，先生，今天确实是您的生日。我是从您的传记中知道的。"法拉奇信心十足地说。

"噢！既然你这样说，就算是吧！我从来也不知道什么时候是我的生日。就算明天是我的生日，我也已经76岁了。76啊，早就是衰退的年龄了！这也值得祝贺？"显然，法拉奇的问候已经让这位领导对她有了好感，所以他不禁和她开了个小小的玩笑。

"先生，我父亲也是76岁了。如果我对他说那是一个衰退的年龄，他会给我一巴掌呢！"

法拉奇也和他开起了玩笑。那位领导听后，哈哈大笑。

"他做的也许对。不过，我相信你肯定不会对你父亲这样说的，对吧？"

采访气氛就这样十分融洽而轻松地形成了，接下来便是法拉奇此行的真正目的，她将谈话引入正题，在非常愉快的氛围中顺利完成了采访。

法拉奇之所以能获得成功，是由于她这一番积极的寒暄：

76岁对于一个人来说，的确是一个衰退的年纪，她却巧妙地开玩笑："我父亲也是76岁了。如果我对他说那是一个衰退的年龄，他会给我一巴掌呢！"很明显，她这一番话营造出了积极轻松的交谈氛围，也消除了与陌生领导之间的陌生感，切入正题就变得顺利多了，所以她的采访都得到了满意的答复。

那么，什么是积极的语言呢？积极的语言就是能促进彼此交谈，增深彼此友情的带有积极意义的语言，比如，说话要真诚等。

1.用有积极意义的语言应对

比如，当你和陌生人说话时，对方对你的态度突然间冷淡下来，这时与其一个人冥思苦想："难道我说了什么伤感情的话？"不如直接试着问对方："我是不是说了什么失礼的话？如果有的话请您原谅。"这样一说，即使对方真的有什么不满，心有不悦的话，也会烟消云散。因为你的坦诚已经让他原谅了你。

2.说话要真诚

由于说话态度不同，语言既可以成为建立和谐人际关系的最强有力的工具，也可以成为刺伤别人的利刃。如果没有发自内心的关怀，即使用再多华丽的语言，也会被对方看穿。所以满怀真诚是最重要的。

3.对方的优点或值得夸奖的地方要马上夸奖

夸奖陌生人，要比赞扬熟人难，因为彼此还不熟识。对

此，我们需要细心观察，找出其可赞扬之处。比如，从对方的
穿着、打扮、配饰开始："您今天穿的西服颜色真漂亮！"可
是，绝不能阿谀奉承或溜须拍马，因为对方明白，既是初次
见面，你就说出这么多的恭维话，必定感觉得到你是在溜须拍
马，而对你非常反感。所以，夸奖要出于真情实感。

4.不要说对方不爱听的话

对此，我们应慎选话题，这样一些话题不宜提及：不谈对
方深以为憾的缺点和弱点；不谈上司、同事以及一些朋友们的
坏话；不谈人家的隐私；不谈不景气、手头紧之类的话；不谈
一些荒诞离奇、黄色淫秽的事情；不询问妇女的年龄、婚否、
家庭财产等事情；不说个人恩怨和牢骚；不说一些尚未明辨的
隐衷是非；避开令人不愉快的疾病详情，忌夸自己的成就和得
意之处。这些都是对方敏感的话题，也是禁忌的话题。不说对
方敏感的话题是建立和谐人际关系的准则。

使语言不成为"利刃"的最低条件是什么呢？那就是不
要说对方不想听的话题。总之，与陌生人说话，多说积极的
话语，令对方感到振奋开心，这对于我们成功操纵对方心
理，打开交际局面是大有帮助的，这也是我们必备的一项说
话本领！

一见如故，掌握"自来熟"的说话艺术

在生活中有这样一些人：他们无论走到哪里，不管对方是什么样的年龄、职业、性格，都能与对方一见如故，很快打成一片。这样的人，无疑是受人欢迎的，也是令人羡慕的，因为他们有一种特殊的本领——"自来熟"。

其实，无论是朋友也好，同事也好，邻居也好，都是从陌生人转变而来的。在如今这个瞬息万变的社会，与陌生人打交道已成为不可避免之事。所谓陌生人，不过都是只要通过某些方式就可以结识和相知的人。只要足够勇敢、真诚，再加上一些必要的技巧，就一定能使你在与陌生人的交往中应付自如。

敢于同陌生人打交道是迈出人际交往的第一步，也是社会生存所必需的能力之一。俗话说：一回生，二回熟。陌生人之间蕴藏着丰富的人际关系资源，只要拥有开放的胸怀、自信的力量，就一定能够拓展、编织自己的人脉。

真诚是与陌生人交往的基石。无论你多么巧舌如簧，假如缺乏了真诚作为基础，那么再动听的言语、再高超的技巧都是苍白无力的。第一印象至关重要，好的开始是成功的一半，这句话用在人际交往上也是颠扑不破的真理。假如从一开口，你就能让对方感受到你的真诚与善意，那么他就会更加乐意与你建立亲密、和谐的关系。

当然，除了勇敢和真诚，一些必要的技巧和手段则更能让

你成为一个长袖善舞、受人欢迎的人际交往高手。事先了解对方的兴趣爱好，看准说话的时机，随机应变、适时调整，这些都是让你在与陌生人交谈时如鱼得水的方式方法。假如初次的会面就能让对方回味无穷，并期待下一次的交谈，那么你们成为朋友也就为时不远了。

1912年，富兰克林·罗斯福从非洲回到美国，准备参加总统竞选。有一次，他去参加一个宴会。因为他是已故美国总统西奥多·罗斯福的堂弟，又是一位有名的律师，所以很多人都认识他，而他却并不认识对方，因此他明显感觉大家对他都很冷淡。怎么办呢？难道大家就这样冷漠、尴尬地坐下去，直到宴会结束？罗斯福可不打算就这样轻易放弃这个可以使自己获得更多支持的好机会，于是他灵机一动，很快找到了消除隔阂的办法。

罗斯福经过片刻的思索之后，轻声对坐在旁边的希尔伯特博士说："希尔伯特博士，请您告诉我一些有关那些客人的大致情况，好吗？"博士同意了，于是便将对方的一些基本情况一一讲给罗斯福听。罗斯福仔细地倾听并默记在心，当他心中有底后，就开始和那些客人们闲聊。在这些看似漫无目的的闲聊中，罗斯福对他们的性格、特点、爱好以及事业等又有了更深入的了解，这就能使双方的谈话更进一步。于是谈话进行得很愉快，在不知不觉中，罗斯福便成了他们的新朋友。

罗斯福无疑是深谙陌生人心理、并且擅长谈话技巧的人。

他能迅速消除双方的陌生感、走入他人的内心世界的法宝便是初步了解对方，抓住对方感兴趣的话题，让对方感受到他的真诚与关心。试问谁会拒绝一个对自己真诚的人，又有谁会将一个关心自己的人拒之门外呢？

除了自己的兄弟姐们，一切关系都是从零开始的，所有的人也都是从陌生人变为同事、朋友甚至知己的。从另一角度来讲，与陌生人交谈更能锻炼和提高自己的口才与人际沟通艺术。正如其他一切技能一样，与陌生人交往的技能也需要通过反复锻炼才能逐步提高。只要足够勇敢和真诚，并且有意识地运用沟通技巧来建立关系，你的人际交往水平就一定会日渐提高，从而拥有让人人都羡慕的本领——"自来熟"，与陌生人一见如故。

第二章

不吝赞美：每个人都渴望被肯定

谈 话 的 艺 术

要善于发现他人身上值得赞美的地方

美国有一名学者这样提醒人们："努力去发现你能对别人加以夸奖的极小事情，寻找你与之交往人的优点，那些你能够赞美的地方，要形成一种每天至少一次真诚地赞美别人的习惯，这样，你与别人的关系将会变得更加和睦。"在日常交际中，要想建立良好的人际关系，恰当地赞美他人是必不可少的。事实上，每个人都希望自己能受到别人的赞美，得到他人的肯定，但是，由于人与人之间交谈的时间并不多，而且，人们普遍不善于去发现他人值得赞美的地方，于是，很多时候就会出现一些问题：要么赞美不当，要么缺少赞美。

这天，营业厅小李临柜，一位中年男性储户递上了一张5万元的国债存单，说道："我的国债到期了，看能不能再买点国债，利息高，又保险，国家信誉嘛！"小李夸赞道："先生，您的理财意识很强啊，很有经济头脑。现在，国债代理业务已经过期了，我们近期代理的是人寿太平保险，这个险种卖得可快啦。"中年男人问道："我家五口人，爱人、女人、儿子、母亲，我特别惦记我60岁的老母亲，想给她买份保险，你给参谋参谋。"小李马上说道："您这份孝心真难得，我给你推荐太平盈利保险，投保年龄是65周岁以下，正适合您的母亲，年利率2.25％，如果意外身故，可以获得两倍的保险金。"

　　说着，小李进一步介绍："你的儿子、女儿将来要外出上学，你和爱人又年富力强，建议买分红型的，每月分红，如果发生意外身故三倍返还赔偿金，另外赠你一份学生平安卡。"中年男生有些顾虑："我先回去想想，时间不早了，还要赶回学校做饭哩！"小李心想，如果客户临时变卦了，把钱转存其他银行了咋办。于是，小李赶紧问道："您在哪家学校做饭？"中年男生回答说："前面一点的区一中。"小李马上接话说："我营业所主任的孩子就在你们学校，一直夸食堂饭菜好，原来是您的手艺呀！"中年人来了情绪，睁大眼睛非常兴奋："真的吗？人人都夸老师好，我没想到还有人夸我这个做饭的，谢谢了。对了，你先给我说清楚吧，我现在也不着急走。"小李又详细解释了一番，中年男人笑了："现在我明白了，买保险就好比买雨伞，平常不用，下雨有用。"小李夸奖道："您的比喻可真恰当！"这时，那位中年人才决定填单，将5万元全部投保。

　　在整个交谈过程中，小李的赞美可是一直没停歇："您的理财意识很强啊，很有经济头脑""您这份孝心真难得""一直夸食堂饭菜好，原来是您的手艺呀""您的比喻可真恰当"，而且，她的每一句赞美都是有根据的，并不是泛泛而说，这样的赞美之词顾客听了喜欢。而且，小李可谓是一个善于发现别人优点的人，有的人同样是听顾客说这几句话，却没能想到这些恰恰是值得赞美的地方。小李正是凭着自己敏锐的眼光，发现了顾客身上那些值得赞美的地方，才如愿打动了原本犹豫不决的顾客。因此，在生活中，我们要善于发现他人身上值得赞美的地方，发现了就要大声赞美，这样我们才能打动他人的心。

1.从细节处赞美

那些有经验的人通常会抓住某人在某方面的行为细节，巧言赞美，这样就很容易赢得对方的好感。因为细节的赞美，不仅给对方带来心理上的满足，而且会增进彼此的心灵默契程度。你能观察对方那些尚未被人发现的细节优点，那就表明那些赞美是发自你内心的，如此自然而又真诚的赞美足以打动人心。

2.挖掘他人身上的闪光点

每个人都有自己的长处，我们在赞美他人的时候，关键在于你是否"慧眼识珠"，能否发现对方身上的闪光点。有的人常常埋怨别人身上没有优点，不知道该赞美什么，其实，这恰恰说明了你缺乏发掘闪光点的能力。

3.赞美的角度要新颖

每个人都有许多优点和长处，我们对他人的赞美要独具慧眼，善于发现对方身上的"闪光点"和"兴趣点"，从新颖的角度赞美，这样将起到事半功倍的效果。

其实，只要我们用心观察，就会发现每个人身上都有值得我们赞美的地方。有的人聪明，有的人友好，有的人善良，有的人漂亮，我们要明白，即使一个人浑身上下充满了缺点，但是，在他身上依然有闪光点，而我们需要做的就是去发现这些闪光点，再逐一去赞美对方这些优点，这样才能很好地打动对方。

赞美要中肯，切忌太夸张

在日常生活中，或许，我们每个人都曾得到过别人的赞美，赞美就如同润滑剂，可以和谐彼此之间的关系，让对方感受到话语里的温情。我们常说"赞美要真诚"，是否意味着我们要抛弃稍微夸张的赞美方式呢？事实上，生活中，偶尔来一些夸张的赞美方式，反而增加了不少情趣。比如，男人在赞美自己女朋友的时候，通常会说"你真是上天赐给我的天使""你真是美若天仙"，虽然，被赞美者明白自己并没有那种夸张的美丽，但是，心里却像是吃了蜂蜜一样甜。

成功大师戴尔·卡耐基曾做过底层的推销员，那确实是一段难忘的经历。当时，卡耐基对发动机、车油和部件设计之类的机械知识毫无兴趣，这样一来，他完全无法掌控自己推销产品的实质。

有一次，店里来了一个顾客，卡耐基立即走上去向他们推销货车，不过，他说的话却往往连货车的边都沾不上。顾客觉得卡耐基是一个疯子，这时，老板气愤地走过来，大声吼道："戴尔，你是在卖货车还是在演说？告诉你，明天再卖不出去东西，我会让你滚蛋。"这下，卡耐基着急了，如果丢失了这份工作，将意味着自己无法生存了。

于是，卡耐基立即说："老板，你是最仁慈的老板了，有了你，我才吃上了面包。你放心，为了你让我可以吃上面包，我会好好干的，而且，看你今天穿得多精神啊，相信你今天的生意会一帆风顺的。"被赞美了几句，老板的气也消了，也再没说过解雇的事情了。

在这里，卡耐基的赞美有点夸张，"老板，你是最仁慈的老板了，有了你，我才吃上了面包，你放心，为了你让我可以吃上面包，我会好好干"，话语里带着夸张的成分，好像如果没有了老板，自己就将无法活下去似的。虽然这样的赞美是夸张了点，但恰恰体现出老板对自己的重要性，而这正是老板所希望听到的。于是，在听到这样一句赞美的话之后，老板气也消了，再也不提解雇的事情了。从这里不难看出，在适当的时候，来一两句夸张的赞美也是很有必要的。但像下面案例中的小于这样不分场合的夸张赞美就会有刻意之嫌了。

老婆买了一件衣服，小于就说："这件真漂亮，你穿上就像明星一样。"老婆的工作项目在公司拿了奖，他就说："你真棒，你真是美貌加智慧的未来女强人。"刚开始，老婆听得心花怒放，可是，几个月过去了，她听得耳朵都起了老茧。周末，小于去丈母娘家吃饭，一进门就说："真谢谢你们生了这么一个好女儿，我娶了她，是我几辈子修来的福气。"老婆在一旁，眼睛瞪着老大，心想：这也太过了吧。从家里出来，老婆就对小于说："我爸爸觉得你突然之间变得虚伪了。"小于愣住了："这可都是赞美你的话，怎么嫌我虚伪了？"

本来，这些夸张的赞美语言偶尔来那么一两句，老婆肯定会心花怒放。但是，每次都是那些煽情、夸张的甜言蜜语，对方也会听腻了，而且会觉得你根本就不是真心赞美的。果然，在丈母娘家，小于那"真谢谢你们生了这么一个好女儿，我娶了她，是我几辈子修来的福气"，这样夸张的赞美怎么听怎么给人感觉就是虚伪的。所以，夸张的赞美方式应慎用，否则，效果只会适得其反。

那么，在日常生活中，我们该如何选择夸张的赞美方式呢?

1.慎用

一般情况下，我们不提倡用夸张的赞美方式，因为夸张的语言缺少了真诚，被赞美者很难能被打动。不过，在适当的时候，比如在恭维上司的时候，在遵循事实的前提下，我们可以稍微说得夸张一点，这样，上司也是可以接受的，而且，在心理得到满足的同时，他们会更容易被我们的赞美之词打动。

2.少用

当然，在大多数的情况下，面对夸张的赞美方式，我们是少用或者根本不主张使用。毕竟，只有真诚的赞美才能打动人心，而真诚就需要自然而真实的语言，稍作修饰的夸张语言都会影响到赞美本身的效果。如果你有把握能使用好夸张的赞美方式，那是可以的；反之，如果你根本就没有驾驭的能力，那就少用为妙。

不过，我们要切记，夸张的赞美方式不是所有时候都适用，换句话说，夸张的赞美方式应该慎用、少用。如果你对谁都是那么一句夸张的赞美，对方一定会觉得你是一个虚伪的人，有了这样的判断，你的赞美非但不能打动对方，反而会令其心生厌恶。

请教式赞美，能取得良好效果

什么是请教式的赞美呢？顾名思义，就是赞美对方的某些方面，而话语中带着请教的意味，似乎对方的优秀程度已经将其摆在了"老师"的位置上。比如，"你的手工做得太好了，怎么做出来的，能教教我吗？"如此别具一格的赞美方法就是请教式赞美，大多数人听到请教式的赞美，虽然表面上不做声，但内心却早已经是兴奋异常了。不信的话，我们一起看看下面这位推销冠军的成功案例吧。

美国的一家化妆品公司有一名优秀的"推销冠军"。有一天，他还是和往常一样到客户家拜访，把公司里刚推出的化妆品的功能、效用告诉顾客，然而，面前的女主人并没有表示出多大的兴趣。于是，他立刻闭上嘴巴，开动脑筋，并细心观察。突然，他看到阳台上摆着一盆美丽的盆栽，便说："好漂亮的盆栽啊！平常似乎很难见到。"

女主人来了兴致："你说得没错，这是很罕见的品种。同时，它也属于吊兰的一种。它真的很美，美在那种优雅的风情。"

"确实如此。但是，它应该不便宜吧？"

"这个宝贝很昂贵的，一盆就要花700美元。"

"什么？我的天哪，700美元？那每天都要给它浇水吗？我一直很喜欢盆栽，但却对此一窍不通，我能向你请教，你是如何培育出这样美丽的盆栽的？"

"是的，每天都要很细心地养育它……"女主人开始向推销员倾囊相授所有与吊兰有关的学问，而他也聚精会神地听着。最后，这位女主人一边打开钱包，一边说道："就算是我的先生，也不会听我嘀嘀咕咕讲这么多的，而你却愿意听我说了这么久，甚至还能够理解我的这番话，真的太谢谢你了。如果改天有空，我会乐意向你传授种植兰花的经验，希望改天你再来听我谈兰花，好吗？"女主人爽快地接过了化妆品。

通过向女主人请教关于盆栽的问题，打开了女主人的谈话兴致，而且，在交谈过程中，销售员一直以请教式赞美来夸奖女主人，使得女主人的心理得到了极大的满足。说到最后，没等销售员开口，女主人就主动掏钱购买了化妆品，还发出了

"希望改天你再来听我谈兰花"的邀请。足以见得请教式赞美所产生的良好效果。

其实，请教式赞美不仅重在请教，还表现出一种鼓励的意味。当然，这样的一种赞美方式不止局限于下属对上级，很多时候，上级为了鼓励下属，也可以向下属发出"请教式赞美"。在日常生活中，还有许多家长更是将请教式赞美当作一种很好的教育方式，以此来鼓励小朋友。有时候，我们在求人办事的时候，不妨放低自己的身价，虚心请教，再说几句赞美之语，说不定能取得良好的效果呢。

这段时间，小雨跟她的一个朋友学会了十字绣，她利用业余时间，绣了一对在树丛中飞舞的蜻蜓。同事看了她绣的十字绣，很惊讶，那形象的花草、舞动着翅膀的蜻蜓非常逼真，同事由衷地赞美："哎呀，小雨，你太了不起了！你这是怎么绣出来的啊？"小雨笑了笑，看得出，她对自己花费了不少时间绣出来的作品很自豪，同事真诚地说："看你绣得这么漂亮，我也想学习一下，你能教教我吗？"小雨点点头，开始手把手地教同事如何绣十字绣。

同事那几句请教式赞美，恰到好处地温暖了小雨的心灵，融洽了彼此之间的关系。可以说，请教式赞美，是一种非常有效的赞美方式。给他人戴上了一顶高帽，再虚心的请教，想必，一个再倨傲的人也会被打动，这样一来，自己所请求的事情自然就能够办成了。

请教式赞美更容易让对方接受，让对方体验到自己的价值，从而心中产生某种成就感。这样的赞美方式大多适用于下属对上级、学生对老师、晚辈对长辈，由于对方身上有自己不具备的一技之长，遂以请教的赞美方式表达自己的仰慕之情，在这个过程中，对方往往能在请教式赞美中答应自己的请求，或者，他们有可能会主动帮助你渡过难关。

 ## 出其不意的赞美使人喜悦倍增

在今天这个浮躁社会里，精神的慰藉自然成为人们心底无限的渴望。许多人不经意对他人流露赞许的情感，让美好的言辞硬生生地压抑在心底深处，人类情感的交流也就渐渐走向沙化的荒漠。人与人之间的肯定和赞许，在很大程度上，能架起心与心相通的桥梁。人们之间的相互赞美无疑是人际关系趋向友好和改善的润滑剂。学会赞美别人，必定能够融化人与人寒冷的坚冰，必定能洞穿相互间心灵的隔膜。意外的赞美常常会使人喜悦倍增，拉近彼此之间的距离，从而能够更好地说服对方甘愿为自己效力。

某大商场的服装店员小娟每个月业绩总是跃居第一，她的同事百思不得其解，于是等小娟开始上班时，就不时细细观察她的一言一行。没多久就有一个很瘦的妇女来了，她在店里挑中了合适的款，小娟便从衣橱里取出大一号的尺寸。那位妇女当然知道自己穿几号衣服，她对店员说："不行，我是穿小一号的。"此时，小娟惊讶地说："啊！真的吗？可是我一点都看不出来呀！"小娟的同事们知道她业绩为什么这么高了，因为不时对顾客送上赞美之词，这样不但使顾客心花怒放，也使自己的销售业绩蒸蒸日上。

小娟懂得在什么时候适时地赞美顾客，使其心情愉快，心情愉快的顾客在购物的过程中也会减少计较，这样店员就能轻松地拿下这单生意。以此类推，店里的服装就容易在这么轻松的气氛中售出去，小娟的业绩很高也是自然的。就连在生活中不经意的一句赞美都能收到这么大的成效，更何况是人与人之间的交往呢。人总是喜欢被赞美的，即使明知对方讲的是奉承话，但是心里还是免不了会沾沾自喜，这是人性的弱点。学会在交际中，恰当地赞美他人，让其愿意帮我们的忙。

有一次，卡耐基到邮局寄一封挂号信，人很多。卡耐基发现那位管挂号信的职员对自己的工作已经很不耐烦了，也许是他今天碰到了什么不愉快的事情，也许是年复一年地干着单调重复的工作，早就烦了。因此，卡耐基对自己说："我必须说一些令他高兴的话。他有什么值得我欣赏的吗？"稍加观察，卡耐基立即就在职员身上看到了值得自己欣赏的一点。

因此，当他在接待卡耐基的时候，卡耐基很热忱地说："我真的希望能有您这种头发。"

他抬起头，有点惊讶，面带微笑。"嘿，不像以前那么好看了。"他谦虚地回答。卡耐基对他说，虽然你的头发失去了一点原有的光泽，但仍然很好看。他高兴极了。双方愉快地谈了起来，而他说的最后一句话是："相当多的人称赞过我的头发。"

卡耐基说："我敢打赌，这位仁兄当天回家的路上一定会哼着小调；我敢打赌，他回家以后，一定会跟他的太太提到这件事；我敢打赌，他一定会对着镜子说：'我的确有一头美丽的头发。'想到这些，我也非常高兴。"

卡耐基只是意外地赞赏了那位职员，就使本来显得不愉快的职员，开始露出笑容，并开始愉快地和卡耐基聊起来。如果卡耐基什么话都没有说，那位职员虽然碍于工作情面不得不管理挂号信，但是态度上肯定不是面带微笑。至少，他在卡耐基的赞美声中，是在乐意地帮忙，而不仅是当工作一样死板地处理。学会真诚地赞美他人，并使其成为一种习惯，那么，你就会发现找到一个人值得赞美的地方是一件多么容易的事情。而赞美别人，不仅让他人感到喜悦，也会使自己的心情变得愉快起来。

在潜意识里，我们都渴望别人的注视，渴望别人的赞美，这是每个人都会有的渴望。由此及彼，别人也渴望我们的赞美。

学会赞美别人往往会成为你处世的法宝。或许他不会因为我们一句意外的赞美而彻夜不眠，但是他会为了我们一句不经意间的赞美而喜悦，也会对我们充满感激。一句意料之外的赞美之词，会让他兴高采烈，这个时候，你再拜托他帮一个小忙，我想他是十分乐意为你效劳的。

赞美对方的得意之处效果更好

美国心理学之父威廉·詹姆斯曾经说过："人性深处最大的欲望，莫过于受到外界的认可与赞扬。"在人们的社交活动中，赞美他人，是一种社交智慧，需要相当的技巧。生活中我们经常发现，有时候，我们费尽口水地把人从里夸到外，还不如四两拨千斤地抓住对方最自豪的一点简单夸上两句得来的效果实在。下面的案例就生动地说明了这一点。

早就听说郑董平日老练持重、不苟言笑，准备与他谈判的尹悠心里不免发怵：这样一个对手，要如何应付呢？因为这份担忧，她专门抽出时间来调查郑董的经历，做足了功课。

双方见面握手后，尹悠说道："郑董，早就听说您年轻时爱好运动，还破了我市200米短跑的记录，且这个记录至今无人打破。没想到，这些年过去了，您的体格不让当年，还是如此健硕。"

郑董闻言，竟微微一笑，说道："看来小姑娘特意调查了我。不错，我对运动的喜好，至今没有减退，每天都要锻炼1个小时。"

尹悠听了，忙向郑董讨教保持身材的绝招。就这样，一段寒暄过后，正式的谈判也延续了轻松的氛围。最终，两家都获得了较为理想的结果。

凡事对症下药，才能收获理想的疗效，赞美也是如此。每一个人都有自己最引以为豪的一面，在与人交际时，如果能够抓住这一点，有的放矢，"重点照顾"，所收获的效果绝对大大超过蜻蜓点水式的"遍地开花"。

那么，在社会交际中，想要一针见血地夸到对方心里，需要从哪些方面着手呢?

1.对交际对象有一定的了解

俗话说："凡事预则立，不预则废。"我们想要在赞美他人时字字顺人心意，句句动人心田，首先要对赞美的对象有一定程度的了解。这种了解不仅要包括对方最得意之事，还要包括对方最失意之事，最忌讳之事，最在意之事等。因为在很多时候，你大费周章地夸了对方一通，很可能由于一个不小心触碰对方的"逆鳞"，而让你之前的所有努力都付诸东流。

2.在相关方面有足够的知识

赞美别人的得意之处时，需要有将这个话题延展、铺伸的能力。例如，你夸对方书法写得好，你们就此展开话题，你不可能从头到尾不停地重复"写得真好""太棒了""从没见过这么好的书法作品"等话。双方相谈甚欢的前提，是你掌握一定的书法知识，能让这个话题更加丰富饱满，让你的赞美更加真实生动。哪怕只是一句"颇有魏晋风骨",也总比"写得像哪个大书法家似的"更让人觉得可信。你表现得越了解,对方越会觉得你的赞美出自真心,而不是敷衍搪塞或刻意逢迎。

3.对各种赞美技巧有所掌握

在前文我们介绍过,不同性格的人对于赞美有着不同的表现,这就要求掌握多种赞美技巧,能够随机应变,见招拆招。直接赞美不行,就试试间接赞美;普通赞美不行,就试试特殊赞美。总之,把赞美说到对方的心缝里,才是成功。

第三章

适当加温：让你的语言具有吸引力

聊对方感兴趣的话题，才能让谈话事半功倍

很多人都想找到沟通的突破口，却总是不得法，实际上，一切事情都只有从根源着手，才能最大限度地解决问题。沟通，也是如此。我们只有从心理上说服他人，才能让他人更加愉悦地与我们交流，而且敞开心扉，毫无隔阂。可以说，心理上的突破口，是人们彼此之间敞开心扉沟通的大门。尤其是在现代社会，人们几乎每天都要与他人交流，而交流的主要方式就是语言的沟通。当你顺畅自如地与他人谈话，彼此之间毫无隔阂，你的人缘也必定越来越好。而良好的人际关系不但能够帮助你的生活更加便利，也会让你的事业如鱼得水。

需要注意的是，良好的沟通应该从浓厚的兴趣开始。要想吸引他人对你的话题感兴趣，你的话题必须能够引起他人的兴趣。倘若你刚提出一个话题，就被对方毫不犹豫地否决，你必然很尴尬。如果思维敏捷，还可以马上转移话题，进行新的尝试，但是如果思维迟钝，则只能尴尬应对，甚至是无言以对。由此可见，选择话题是非常重要的，这就像作家必须写出一个精彩的开头才能吸引读者继续看下去。聪慧的伽利略向我们展示了如何开口便成功引起对方兴趣。

作为意大利著名的科学家，伽利略曾经在年轻时被父亲强

迫学医。在他刚满十七岁时，父亲就不由分说地把他送到比萨大学的医学院学习。然而，伽利略对医学并不感兴趣，而对科学情有独钟。他在听到静力学和力学之后，突然就爱上了与此相关的科学。然而，他也知道父亲是非常执拗的，如果直截了当地提出不愿意学习医学的想法，一定会遭到父亲的拒绝。为此，他思来想去，终于找到了一个成功率比较高的说服方法。

在假日的一天，伽利略走进书房问父亲："父亲，你与母亲是怎么认识的？"父亲抬起头，把视线转向儿子，说："我爱她。"伽利略又问："那么，在母亲之后，你还曾经爱过别的女人吗？"父亲连连摇头，说："怎么可能呢？我对你母亲一见钟情，看到她的那一刻，我就决心要娶她为妻。"伽利略以羡慕的口吻说："难怪，你与母亲一生之中都恩恩爱爱，从未争吵过，婚姻也幸福和谐。"父亲笑着说："你这孩子，观察还挺细致。"伽利略随即话锋一转，说："现在，我也和你当年一样一见钟情了。"父亲听了之后惊喜地问道："一见钟情？难道你有心仪的姑娘了吗？快说给我听听！"伽利略为难地说："我对科学的喜爱，就像你当初对母亲一见倾心一样，再也不会爱上其他的女人。父亲，我虽然年纪轻轻，但是我并不沉迷于爱情，我也不会三心二意，经常改变心意。相反，我只想与科学终生为伴，在科学的道路上勇攀高峰。"听了伽利略的话，父亲的脸色沉了下来，伽利略继续说："父亲，您很有才华，家庭生活也美满幸福。我呢，我继承了您的优点，我想要在学术的道路上有所建树。我想，我不会增加您的负担，我愿意去申请宫廷奖学金。如果有一天，您能骄傲地告诉别人您是科学家伽利略的父亲，我想您一定会倍感荣光……"父亲点点头，说："你说得有道理，我愿意去帮你申请宫廷奖学金，帮助你实现梦想。"伽利略激动地向父亲保证："父亲，我一定会成为一个让您骄傲的科学家。"

在这个事例中，原本父亲只想让伽利略学医，但是伽利略首先从父亲一生引以为傲的爱情说起，让父亲饶有兴致地听他说下去。接下来，他才从父亲对母亲的一见钟情过渡到自己对科学的沉迷，从而成功打动父亲改变心意，支持他学习科学，在科学领域继续深造。由此可见，再固执己见的人，也会有自己感兴趣的话题。在说服他们时，倘若我们能从他们最感兴趣的话题说起，再逐渐过渡到我们真正想说的话题，则说服成功的概率就会大幅提高。

当然，选好话题不仅要从对方得意的事情、感兴趣的事情说起，也可以从对方关心的事情说起。总而言之，我们的目的是要吸引对方的注意力，从而成功帮助我们更好地讲述自己想说的话。凡是能够让交谈和谐愉悦，让对方满怀兴致地听你诉说的，就都是好话题。这一点，我们必须用心琢磨，才能渐渐有更准确的把握。

鼓励对方多谈，交谈切忌以自己为中心

人际交往过程中，每个人都想得到别人的信任和欣赏，这种信任和欣赏必须建立在沟通和交流之上，话题聊得投机是获得别人好感最好的捷径。谈论的话题范围很广，最应该注意的一点就是不要始终围绕自己展开谈论，讲话要想较快切入话题，主要看谈话对方的情况，话题尽量多围绕对方谈论。在公司人缘不好的尤雅就是犯了谈话时太自我的错。

尤雅在一家公司当经理的秘书，平时工作业务很强，经理对她的能力很赞赏，可是她在公司的人缘却不是很好，同事都不喜欢和她交流，原因是她总是喜欢说自己的事情，大家听多了也都觉得很厌烦，平时除了工作交流之外，很少和她交流其他的事情。

前几天，公司新调来了一位女经理，女经理把尤雅叫到办公室，想从尤雅这里了解一些下属员工的工作情况，可是尤雅都是在说关于自己的工作情况和取得的业绩，女经理强调了一次，让她谈谈其他员工的工作情况，她对女经理说："其他人的情况我不是很清楚，每次都是他们听我说我自己的工作情况，他们的情况我也没有问过。"女经理说："作为经理秘书，要比经理更加了解员工的工作情况，这是你必须完成的最基本的工作，你总是把话题围绕在自己身上，会让别人对你反感，大家不愿意和你交流关于他们自己的事情，那你的工作要

如何更好地完成下去呢？在以后的工作里要多围绕别人的事情作为你们谈论的话题，这样的话有利于你的工作，也能让你在公司赢得好人缘。"尤雅点了点头。

尤雅的工作能力很强，但在同事之中没有好人缘，别人都不喜欢和她交流，女经理直接点出了尤雅的错误，告诫了她在与别人交谈过程中如果总是围绕自己展开话题的话，不利于完成工作也不会赢得好人缘，想要给别人留下好印象，就要改变自己的谈话话题。

在交际中想要找到和别人谈论的话题，需要主动地了解对方，围绕对方展开交流的话题。心理学家总结出下面这几种心理策略，只要你明白了、学会了以下几种方法，话题不要始终围绕自己，你便可以轻松地找到和别人交谈的话题，让对方对你充满好感。

第一：问候法。问候法往往需要你自己比较主动，问候法中带有请教、问候等内容，你的问候会让对方感到亲切，对方会有问必答，这样便可以直接从他的答话中寻找到和对方谈论的话题。这种方法一般适用于晚辈对长辈或者下属对上司。

第二：了解法。这种方法与问候法相似，但有所不同，适应于平级和对下级、晚辈，多询问他的生活环境和其他情况，对他的工作和生活都有所了解，从了解的情况中寻找与对方交流的话题。

第三：闲聊法。在与朋友相聚的过程中，闲聊人生、社会等大家共同关心的话题，从大家的反应中得到共同感兴趣的话题。

第四：恭维法。这种方法适应于陌生人之间。知道对方从事的职业，便可以从他的专业、机遇、发展前景等话题入手，人人都爱听好话，对方不会拒绝你的恭维，同时也可以使对方自然而然地谈论自己的事情。从这个角度出发，也会很快和陌生人轻松沟通，尽快熟络。

现代人拥有太多的交际应酬，太多的利益纷争，所以在为人处事中必须要有自己的一套心理策略，让自己在社会中站稳脚，同时得到别人的赏识。话题不要始终围绕自己便是不可缺少的心理策略之一，给予对方说自己事情的机会，给予对方谈论话题的兴趣，倾听对方的谈论，这样才能让彼此友好地交流，自己也会在对方的心里留下好印象。

 ## 调动你的面部肌肉，鼓励对方继续谈下去

这个世界上，有谁愿意和一个木头人说话？如果真的有人愿意对着木头人说话，他说的肯定是不想被人知道的事情，又或者他不愿意向他人打开心扉。对于真正想要交谈的人而言，如果听自己说话的人总是面无表情，则倾诉就会变得非常乏味寡淡，甚至让人不想继续下去。

当然，每一个参与交谈的人都希望谈话是饶有兴致的，都希望参与者是兴致盎然的。良好的交谈氛围，需要每个人努力争取。除了前文所说的要说对方感兴趣的话之外，当你作为倾听者时，又应该怎样让对方更加滔滔不绝，口若悬河呢？其实很简单，你既不需要打断对方的谈话发出感叹词，也不需要手舞足蹈影响对方的发挥，你只需要调动面部的些许肌肉，就能激发对方的谈兴。正确的做法是，眉毛上扬，把眼睛瞪得像铜铃一样，而且嘴巴张大，半天都合不拢。没错，这就是吃惊的表情，而且是非常夸张的吃惊的表情。在倾听他人说话时，我们不管是随便插话还是因为激动手舞足蹈，都会无形中打断对方的思路和讲述，让对方扫兴。只有表现出吃惊的表情，适当地与对方进行眼神交流，你才能既避免打扰对方，又最大限度地激励对方继续兴致勃勃地说下去。如此一举两得，实在是最佳的倾听方法。下面来看下别人的优秀示范吧！

在这次聚会上，丽娜作为老板的秘书出席，除了随时听候老板差遣之外，几乎没有任何事情可做。很快，她就感到厌烦了，但是又不能离开。她郁郁寡欢地端起一杯鸡尾酒，蜷缩在角落的沙发上百无聊赖。突然，一位男士走到她面前，这位男士看起来彬彬有礼。经过简单寒暄，丽娜才知道这位男士也是一位老总的助理，此时和她一样无聊。

就这样，两个无聊的人有一搭无一搭地闲聊着。丽娜的谈兴原本不是很高，因为她实在是有些疲倦了。然而，当丽娜没精打采地说起去非洲旅行的见闻时，尤其是当听到丽娜被非洲土著追赶时，男士突然眉毛上扬，眼睛瞪得大大的，惊讶地说："真的吗？你真的看到非洲土著，还被他们追赶了？但是，你又不会说他们的语言，是如何脱身的呢？"说完，男士就那么保持着惊讶的表情，而且夸张地张开嘴巴不合拢，似乎正在无限渴望着丽娜赶紧给他正确的答案。看到男士的样子，丽娜不由得哈哈大笑，说："当然啊，我差点儿被留在印第安的原始森林里了呢！"这时，男士的表情更夸张，下巴简直都要掉下来了。丽娜恶作剧般地说："但是我会十八般武艺啊，因而就逃出来了。"男士觉得难以置信，后来，丽娜告诉他："导游会说印第安语，告诉他们我们是来旅游的，他们就不那么警惕和戒备了。"

整整一个晚上，只要丽娜说起有趣的或者惊险刺激的事情，男士就总是露出夸张的表情，让丽娜一个晚上笑了不知多少次。不知不觉间，三个小时的宴会居然已经结束了，曲终人散，丽娜却意犹未尽地对男士说："很高兴认识你，与你聊天很愉快。"

原本不想与男士聊天的丽娜，在男士夸张表情的刺激下，谈兴渐浓，居然说到宴会结束依然意犹未尽。这就是惊讶的魔力。尤其是对于说话的人而言，当倾听者表现出夸张、惊讶表情时，他们一定觉得自己演讲的技能非常之高，而且极具渲染力，因而也就越说越起劲了。

当你作为倾听者，想要不动声色地鼓励说话的人更加投入时，不妨就多多表现出夸张的表情。只要你恰到好处地表示惊讶，说话的人就一定会因此而变得兴奋激动，说起话来也就更加全心投入。这样的交流，往往让人到结束时还恋恋不舍，只想让美好的时间过得慢一点，再慢一点。

 ## 出奇制胜，多说让对方感到惊喜的话

即使一百句平平淡淡的话，也抵不上一句巧话；即使一百句巧话，也抵不上一句奇话。人们每天耳边都充满了聒噪的声音，真正能够让他们印象深刻的，就是那些出奇制胜的话，别出心裁的话，另有心意的话。尤其是在职场上，如果你想介绍自己，那么一个别开生面的自我介绍就能够让他人记住你。否则，即使你进入公司一段时间，只怕也依然有很多人不知道你的名字，更对你没有印象。由此可见，要想在职场上叱咤风云，首先要有个开门红，而开门红的关键就在于要以奇话介绍自己，让大家在最短的时间内牢牢地记住你。毫无疑问，被领导记住是大有好处的。很多人可能想没有人关注自己才好，真正的聪明人总是抓住各种各样的机会让他人记住自己，这样才能为自己争取更多的机会。

时至今日，我依然记得初中时代的数学老师——张琦。张老师如果生在古代，一定是个美男子。他有一张国字脸，肤色白皙，长着浓密的络腮胡，显得非常有男人的气质。他的眼睛很大，是双眼皮，而且不说话的时候也给人笑意盈盈的感觉。但实际上，他是一个非常严厉的老师，对大家的要求也特别严格。当然，这一切都是在听完张老师的自我介绍之后，才观察到的。也可以说，我是因为张老师的自我介绍，因而特别地留意了他。

那天是九月一号。张老师只是数学老师，而不是班主任，因此我们直到九月一号的数学课上才初次见面。只见他迈着矫健的步伐走上讲台，然后面向大家说："我叫张琦——"说完，他停顿了片刻，接着又说道："就是长得很奇怪的意思。同学们可以看看，我的头发都长到脸上了。"他话音刚落，同学们就哈哈大笑起来。就这样，张老师以这个简短有力的开场白，让每个同学都记住了"长得奇怪"的他。

此后的日子里，我一直感觉张老师很特别。他是那么与众不同，外冷内热，看似有一双笑眼，却无比严厉，但是心地非常善良，一心一意都是为了同学们好。渐渐地，我们都喜欢上了这个长得奇怪的老师。

作为老师，在新接手一个班级的时候，先声夺人是很有必要的。众所周知，现在的初中生已经不像以前的孩子们那么简单幼稚，而是越来越成熟，有着更广阔的见识。因而，作为承担着师道尊严的老师，一定要在初次和孩子们见面时，就给孩子们留下深刻的印象，并且也树立自己的威严，这样才能为接下来的教学工作创造便利。很多老师在与新同学见面时喜欢喋喋不休地介绍自己，其实同学们根本就不在乎他是哪所名牌大学毕业的，也不知道他所说的那些头衔有何作用。实实在在的开场白，才是同学们获得对老师第一印象的直观感受。这也是张老师比班主任更早地被全班同学记住的原因。

现代社会越来越重视人际交往。在交际舞台上，我们要想成为耀眼的新星，就一定要亮出自己的风采。很多情况下，专业能力和知识技能仅对专业性较强的工作起到重要的辅助作用，而对人际交往没有太多的帮助。在这种情况下，我们就要充分发挥自己的高情商，也给自己设计个与众不同的出场。与其唠唠叨叨地说个没完没了，不如三言两语地讲个潇洒，也能博得他人的尊重和认可。很多人做人做事都讲究按部就班，殊不知，不按照常理出牌往往能够出奇制胜，帮助我们先声夺人，甚至是一招制"敌"。

 ## 及时表达"你很重要"，让对方感受到被重视

在与人相处时，每个人都希望得到他人的关注和重视，这是人的自尊心在起作用。然而，偏偏有些人很容易忽略他人的感受，更多关注自身。这样的人很难交到很多的朋友，只能与身边亲近的人来往。现代社会，人际关系上升到更高的高度，

而且我们作为职场人士，无论出于工作还是生活需要，都经常要与形形色色的人打交道。这就要求我们必须拥有更强的人际交往能力，从而与他人更好地相处、交往，帮助自己建立强大的人际关系网。

生活中，人们常常把自己看得很重要。例如，如果一个女孩穿着洁白的裙子，却不小心在公交车上被踩了一个黑脚印，那么她一定觉得很尴尬。实际情况如何呢？除了她自己对那个脚印念念不忘，根本没有人注意到那个脚印。这种现象很常见，都是自己把自己看得过重，实际上却并没有得到他人的关注。遭遇这种经历的人，既因为自己的尴尬没有被人留意而感到小小的庆幸，也因为他人对自己的漠不关心感到大大的失望。这种复杂的情绪相互渗透，让人的心中百感交集。那么，对于我们比较在乎和亲近的人，我们则不能如此无视，否则一定会让对方感到伤心。当我们想要吸引一个人的注意力时，当我们想要打开一个人的心扉时，当我们想要收获一个人的真心时，我们就一定要告诉对方：你很重要。

你很重要，尽管只有短短的四个字，但却具有神奇的魔力，能够瞬间让人感到受重视的满足，也会不由自主地觉得对他说这四个字的人同样重要。人与人的付出，一定不是单方面的，而是双向的。你付出什么，就会收获什么，因而在你真心诚意地告诉他人"你很重要"后，对方也同样会觉得"你很重要""你是我很在乎的人"。由此一来，彼此的交往一定更加深入。不要怀疑"你很重要"的魔力，一对幸福甜蜜的准夫妻就是由此确定心意。

琳琳是一个自我意识很强的人，而且自我感觉超好，总觉得自己是最棒的，最优秀的，也是深受每一个人喜爱的。然后，这次相亲，琳琳却备受打击。原来，这次相亲是爸爸的同事安排的，男孩就是爸爸同事的儿子。对方条件很优秀，哈佛大学毕业，现在在金融业工作，是年轻才俊。由于在相亲之前就了解了男孩的基本情况，也看过男孩的照片，因而琳琳对男孩很满意。不想，她真正见到的却是一个无比傲慢的人。

在整场约会中，男孩张口闭口都是"我"怎么样，从未想要了解琳琳的基本情况。对于这个骄傲自负的男孩，琳琳暗想："即便你再怎么优秀，我也不会喜欢你。"让琳琳大跌眼镜的是，在约会结束时，男孩居然毫不掩饰地对琳琳说："实际上，我是被爸爸逼着来相亲的。咱们并不相配，因为条件相差悬殊。"这句话让琳琳恨不得端起桌上的饮料泼到男孩的脸上，但是碍于爸爸的面子，她忍住了。这次相亲让琳琳元气大伤，一下子就觉得自己不那么优秀，甚至卑微起来。后来，大姨又给她安排了一次相亲。这次的男孩虽然条件不是那么优秀，但是非常绅士。不管是叫饮料，还是叫甜点，他都会第一时间考虑到琳琳的喜好，对琳琳呵护备至。约会结束后，男孩贴心地送琳琳回家。他们走在凉风习习的马路边，男孩让琳琳走在自己的右手边，走在靠近马路牙子的那一侧。琳琳问：

"为什么？"男孩笑着说："因为你很重要。"这句话，让琳琳深受感动，心里暗暗地说："就是这个人了。"果然，琳琳与男孩交往神速，半年之后就已经开始谈婚论嫁了。

一句"你很重要"，让男孩在体贴之余，更加深刻地打动了琳琳的心。每一个女孩，都希望成为梦想中的公主，被白马王子呵护备至。琳琳找到了那个视她非常重要的男孩，因而一改挑三拣四的常态，很高兴地接受了男孩的追求。

"你很重要"是一句充满神奇的话，不但能够告诉他人他很重要，也能帮助我们变成他人心目中很重要的人。毫无疑问，每个人都希望自己备受瞩目，当你慷慨地给予他人这份关注，他人也会同样地回报于你。

第四章

化解危机：玩笑间化解尴尬与窘局

谈　话　的　艺　术

主动道歉，赢得对方的谅解

俗话说："智者千虑，必有一失。"一个人再聪明，再能干，也总有失败犯错误的时候。著名军事家孙子曾说："过也，人皆见之；更之，人皆仰之。"在日常生活中，我们都不可避免地会做错一些事情，但是，做错了事情并不可怕，只要能够及时认识到错误并改正错误，及时向对方诚恳地道歉，这样就会解开矛盾，缓解笼罩在彼此之间的怨气。

当然，假如你发现自己错了，却不愿意道歉，甚至处处找借口为自己辩解，这样的结果不仅得不到朋友的谅解，反而还会受到道德上的谴责。因此，我们不能小看了道歉的作用，而且，我们还需要学会有技巧地道歉，这样才能赢得对方的谅解。

1.道歉用语

诚恳的道歉需要适宜的道歉用语，比如"对不起""请原谅""很抱歉""请你转告王先生，就说我对不起他""对不起，是我的错""我错怪你了""不好意思，给你添麻烦了"，等等。

2.把握道歉的最佳时机

当你发现自己说错了话或者做错了事情的时候，就需要及时地道歉，道歉是越及时越有效果，我们很难想象在几十年后才说"对不起"是否还会有用。当然，道歉的最佳时机还应该选在双方都心平气和的时候，在对方情绪比较好的时候，他更容易接受你的道歉。

3.先批评自己

道歉并不是等对方的责备已经来了再道歉，这时候你已经激起了对方的怒火，因此，我们需要先发制人，率先批评自己，这样对方就不好意思再责备你了，而且，也会宽容地谅解你的错误言行。

4.巧借物传情

如果直接道歉不太适合，可以选择打个电话或写封致歉信，也可以请一位彼此信任的朋友或同事代为转达歉意。等对方心情平复之后，再登门致歉赔礼。

诚恳而巧妙的道歉，能够挽救友谊危机，化解尴尬气氛，继而巩固友谊，推进新的人际关系的发展。不过，需要注意的是，道歉也是需要技巧的，比如，温斯顿·丘吉尔对亨利·杜鲁门的第一印象十分不好，后来他告诉杜鲁门，自己曾一度严重地低估了他。他仅用了一句高明的恭维话表示出了自己的歉意。

巧妙补救，挽救失言场面

"人有失足，马有失蹄。"在交际过程中，无论普通人还是名人，都免不了发生言语失误。虽然其中原因有别，但它造成的后果却是相似的，或贻笑大方，或纠纷四起，有时甚至无法收场。

经验不足的人碰到这种情况，往往懊恼不已，心慌意乱，越发紧张，接下去的表现更为糟糕。如果我们能来个将错就错，借题发挥，把错话说"圆"，则可以轻松地摆脱窘境。言多语失时，最重要的就是要镇定自若、处变不惊，飞速地转动大脑思考弥补口误的方法。

在实际生活中，遇到失言的情况，有四个补救的小技巧可供参考：

1.改义法

这种方法就是在错话出口之后，能巧妙地将错话续接下去，最后达到纠错的目的。其高妙之处在于，能够不动声色地改变说话的情境，使听者不由自主地转移原先的思路，不自觉地顺着自己的思维走，随着自己的语言表达而产生情感波动。

2.引申法

迅速将错误言辞引开，避免在错中纠缠。比如可以接着那句话之后说："我刚才那句话还应做如下补充……"然后根据当时的情境，做出相应的发挥，这样就可将错话抹掉。

3.移植法

这种方法就是把错话移植到他人头上。比如说："这是某些人的观点，我认为正确的说法应该是……"这就把自己已出口的某句错误纠正过来了。对方虽有疑问，但是无法认定是你说错了。

4.转移法

巧妙地转移话题和分散别人的注意力。说错了话，要学会巧妙地转移话题，化解尴尬场面。比如用幽默或玩笑的方式转移目标，把紧张的话题变成轻松的玩笑等，也可以巧妙地运用"挪移"手法，把别人的注意力吸引到其他方面。

在社交中，发生口误在所难免，此时不管你是一味发窘还是拼命掩饰，都会使事情更为糟糕。这时候要稳住心神，以上面4个小技巧为基点，积极寻找适当的补救方法。但这关键是要看一个人的应变能力，应变能力反映一个人的机智和修养。当然，应变能力是以人生经验为基础的，只有多次实践，并总结经验，才能变得聪明老练。

 有效沟通，巧妙地缓和谈判僵局

有时候，在商务谈判过程中，由于双方所谈问题的利益要求差距比较大，而彼此又不肯做出让步，导致了双方因暂时不可调和的矛盾而形成了针锋相对的局面。谈判桌上之所以出现这样的局面，其原因是双方的观点、立场的交锋是持续不断的，有时候，谈判的一方会故意制造僵局，他们有意给对方出难题，搅乱视听，甚至引发争吵，这样，迫使对方放弃自己的谈判目标而向自己的目标靠近；有时候，则是双方对某一问题各持自己的看法和主张，产生了意见分歧，这样，越是坚持各自的立场，双方之间的分歧就会越大。当利益冲突变得不可调和的时候，僵局便出现了。当僵局出现后，如果不进行及时地处理，就会对接下来谈判的顺利进行产生不利的影响。当然，谈判过程中出现针锋相对的局面，并不等于谈判的破裂，不过，它会严重影响到谈判的进程，在这时，我们需要灵巧地缓和场面，突破僵局，适时选择有效的方案，重新回到沟通中来。

谈判是正式的谈话，很容易在彼此之间形成一种严肃而又紧张的气氛。当谈判的一方就某个问题发生争执，各持己见，互不相让，横眉冷对，这样的环境更容易使人产生压抑的感觉。当然，谈判代表一旦处于这样的心境，是很不利于整个谈判的进行的。这时，不妨幽默一下，以巧言缓解僵局，将原本严肃而紧张的气氛变得愉快、和谐，那么，谈判桌上争论了几个小时无法解决的问题，或许就会迎刃而解了。

1.冷静思考

在谈判过程中，有的人会脱离客观实际，盲目地坚持自己的主观立场，甚至忘记了自己的出发点。由于固执己见，往往会引发矛盾，当矛盾激化到一定程度就会形成僵局。所以，谈判的一方在处理僵局的时候，要防止过激情绪所带来的干扰。在僵局出现的时候，要头脑冷静，这样才能理清头绪，正确分析问题，也才能有效打破僵局。

2.协调双方的利益

当谈判双方在同一个问题上发生尖锐对立，且各自有自己的理由，谁也说服不了对方，又不能接受对方提出的条件时，整个谈判便陷入了针锋相对的局面。这时候，作为谈判的一方，应认真分析双方的利益所在，只有平衡了彼此的利益关系，才有可能打破僵局。有效的方法是：双方从各自的眼前利益和长远利益两个方面来看问题，协调平衡，寻找出双方都能接受的平衡点，达成最终的协议。

3.顺水推舟

有时候，对方无意之中出了糗，感到很尴尬，这时候你不妨顺着他这个糗事，用幽默的话语帮助当事人摆脱尴尬。比如，服务员不小心把酒洒到了将军的秃头上，将军只是笑着说"小伙子，我这脑袋秃了二十多年，你这个方法我也试过，可是根本不管用，但还是谢谢你！"

4.巧借情景做文章

有时候，会遭遇突发事件，若处理不当就会导致尴尬，这时候可以采用"情景法"。比如，大学教授跌倒了，引来同学们哄堂大笑，但他却说："人生就是这样，跌倒了爬起来，再跌倒了再爬起来。这样，你才会更坚强，更成熟。"

在谈判过程中，针锋相对的局面随时都有可能发生，任何话题都有可能形成分歧与对立。从表面上看，僵局产生往往是防不胜防的，但其实，真正令谈判陷入危机的是双方对谈判的预期相差甚远。对此，谈判专家总结说："许多谈判僵局和破裂是由于细微的事情引起的，诸如谈判双方性格的差异、怕丢面子，以及个人的权力限制，等等。"

敏感话题，运用模糊语言回避

现实生活中，有很多的事情会在没有思想准备的情况下发生，也有很多的问题会让自己感到左右为难。在这种情况下，如果选择沉默或者拒绝不免会给交际双方带来不好的影响，也会让自己在别人心中的印象大打折扣。此时我们不妨用模糊的语言来做出回答。

模糊的语言是一种重要的交际手段，同时也体现了一个人随机应变的能力。在一些不必要、或者不可能把话讲得过于清楚的情况下，完全可以运用这种表达方式，既避免了紧张的气氛，又让自己得以解脱，同时还不会给别人带来负面的心理影响。

在社交场合游刃有余的人，都懂得如何恰当地使用"模糊语言"。模糊的语言能够用恰当的方式、微妙的语言，对别人的问话或者请求做出有余地的回答，既不会因为生硬的拒绝给对方带来不快，又能够保全双方的面子，从而避免了不留后路的后顾之忧，又能够避免最终事与愿违的尴尬。

有一艘豪华客轮在即将到达终点的时候突然停了下来，原来是客轮的驾驶室里出现了一些问题。游客们在经过几十分钟的等待之后，终于忍不住内心的不满和焦躁，纷纷把矛头指向了导游，质问为什么没有事先做好检查，追问客轮什么时候才能重新起航。面对情绪激动失去理智了的人们，导游却是镇定自若，脸上一直带着微笑，心平气和地向大家做解释："请大家不要着急，客轮并没有什么大问题，只是出现了一点小毛病而已。技术人员正在做检查，一会儿就修好了。为了大家的安全，请大家耐心地等一会儿，不要走远，更不要站在危险的地方，马上就要起航了。"导游不断地重复着这些话，游客们的心情也慢慢地平静了下来。

导游在回答旅客的质问时，用了一连串的"一会儿""马上"等词语，既避免了游客的情绪再度波动，又因为没有给出确切的答案从而给自己留有了余地。他在安慰声中，并没有给予确切的时间承诺，但是却用一连串的模糊语言让游客们安静地等待了一个多小时。不妨试想一下，如果导游为了安抚游客，盲目地讲"15分钟之后就可以起航了"，15分钟之后客轮依然停留在原地，很可能就会激起游客的怒火。将自己逼往绝境的导游再做出任何的解释都是没有用的，反而会加重游客们的怨气和怒气。

模糊的语言可以作为一种缓兵之计，当别人问你一些没办法回答的问题的时候，如果委婉拒绝不能起效的话，你就应该用一些模糊的语言来搪塞一下，这样既可以让自己从麻烦中摆脱出来，又能够不伤及对方的面子。一个聪明的人，在敏感话题上从来不言之凿凿，也不会生硬拒绝，而是懂得用一些模糊的语言来保全双方的面子，从而既为自己留了一条后路，又避免了一些不必要的纠纷。

模糊语言的表达形式是多种多样的，比如闪烁其词、答非所问、避重就轻等，但归根结底就是不要把话说得太死，给自己的语言留有余地，也在给对方留足颜面时对以后的交往存在更大的兴趣。

李肇星在出席"中非合作论坛北京峰会暨第三届部长级会议记者招待会"的时候，有一位外国记者不怀好意地问他："李部长，请您谈一下对陈水扁贪污案的看法好吗？"李肇星回答说："您能不能提问一些我工作上的问题？贪污属于内政问题，我是外交部部长，省级干部的贪污问题不归我管。"

这样的回答，有意改变话题，达到了巧妙拒绝的目的，而且语带讥讽：你还是多关心一下本国的事情吧，不要在这里干涉别国的内政了，李肇星轻松的回答很快就转守为攻，赢得了谈话的主动权。

在现实生活中，有很多的敏感性话题让我们无法做到开诚布公地回答，又因为考虑到双方的颜面而不愿意做出生硬的拒绝，那么就要在说话中讲究一些策略，用模糊的语言回答别人无心或存心的话题，做到既有力度又不伤人，这样的谈话方式就会让你的口才能力上升到一个新的台阶。

现实生活中，有很多的问题需要用模糊的语言来回答。当别人问你"月薪是多少"的时候，你不妨说"聊以糊口罢了"，如果有人问你是怎样结识一个大人物的时候，你不妨说："这是个很复杂的过程，等以后有时间了，我再详细地告诉你。"当别人打听到你父亲的朋友就是你所在公司的领导时，故意问你"你在这家公司待遇应该不错吧？"你可以说"全托您的福"。这些回答既显示出了你的热情，又能巧妙地躲避掉了那些你不愿意回答的问题。

模糊的语言是日常生活中随机应变的一种重要的方法，常常用于一些不必要、不可能把话说得太死的情况。你不妨也在有需要的时候多试一试吧！

变换话题，转移对方的注意力

宏宇是一个大型工厂的工人，有一天深夜，下班后工友们都走光了，他推着自行车往大门口走。按照厂方的规定，工厂内禁止骑车的，当时宏宇看了一个四周，没有保安，随即一脚蹬上了自行车，向大门驶去。谁知就在这个时候，负责在工厂执勤的保安不知道从哪里钻了出来。一下子拽住了宏宇的自行车，拉着他去接受罚款。

宏宇一下子愣在那里，不知如何是好。幸亏他脑子机灵。在和保安的争执中，他听出了保安的口音。于是对保安说："听你的口音，好像不是本地人？"

保安回答说："不是的，我是四川雅安的。"

宏宇笑着说："真的啊，我女朋友也是四川雅安的。跟你说话挺像的，我说怎么听着这么耳熟啊。"

保安："是吗？那真是太巧了，能在这么远的地方碰到老乡。"

宏宇："是啊，太不容易了，那改天聚聚吧。"

保安："那真是太好了。那你赶紧回去吧，太晚了，老乡会担心的。"

事实上，宏宇并没有一个四川雅安的朋友。自然之后也不可能和保安叙老乡之情了。

一般情况下，当有人因为一个问题和你起争执，为难你的时候，内心深处对你的攻击性很高，对你的意见和做法很反感，并不是对你这个人很反感。这时候不妨转移话题，转移对方的注意力。话题转移了，自然把矛盾暂时放下了，对方自然没有那个必要继续攻击你。这样一来不但降低了别人对你的语言伤害，还可能因此化干戈为玉帛，成为朋友。那么在利用转移话题的办法来减少语言伤害的时候，有哪些方面需要注意呢？

1.寻找彼此的共同点

别人之所以为难你，攻击你，是因为在某些问题上，双方意见和做法不一样，甚至可以说是针锋相对。为了分出个所以然来，势必要较量一番。事实上，孰对孰错，谁是谁非并没有想象得那么重要。再加上在谈及某些问题的时候情绪激动，说出很多让你尴尬和难听的话也在情理当中。所以，这时候，尽快找到彼此的共同点，把话题由相异转向相同，这样不但转移了对方的激动情绪，而且还会将自己在对方心中的定位由敌人变成朋友。比如故事中的宏宇，在遭遇对方为难的时候，找出个和对方是老乡的女朋友来。尽管这个女朋友是瞎编的，但是却迅速化解了他和保安之间的对立情绪。避免了很大的麻烦。所以，寻找双方的共同点是迅速转移话题的好办法。如果实在找不到，不妨虚拟一个，目的是转移话题，减少对方对你的伤害。当然这仅适用于陌生人群为难你的时候，熟人之间当然不行了。

2.及时的赞美和恭维

没有人不喜欢别人赞美自己、恭维自己。即使是在双方有强烈的对抗情绪之下。所以，当别人言语上为难你的时候，不妨赞美和恭维一下对方。每个人的注意力都在自己身上，当对方指责你的时候，你赞美一下，对方的注意力迅速转移到自己的身上，并且转移到你所关注的话题上。这样一来，别人对你的攻击和伤害自然不存在了。比如，别人指责你打扫卫生不彻底的时候，你说"你的衣服真漂亮"，或者说"你今天神清气爽，遇到什么高兴的事情了？"这时候，就算是再看不上你的人，也会两眼放光，面带微笑和你交谈。即使有些人抹不开面子，但是心里却甜滋滋的。所以，在面对别人的指责和为难的时候，要学会用赞美和恭维来转移话题，软化彼此的情绪以及赢得对方的好感。

3.对对方发生浓厚的兴趣

任何人都一样，希望别人对自己感兴趣，对自己的生活感兴趣，对自己的所作所为给予肯定。所以，因为一些想法和做法的不同，别人对你进行为难的时候，要多关注一下对方的生活，将话题由分歧引向对方。因为有相异，所以有对抗的情绪。当话题转移到对方身上的时候，没有了分歧，自然就没有了对抗。当你对别人产生兴趣的时候，别人也会对你产生兴趣。比如，当有人说你不应该在上班的时候接电话时，你不妨关注一下对方的失眠好些了没有，睡眠质量怎么样。别人给予你的是责备，你回报的是关心。这样一来，即使再对你有意见的人也不好意思再为难你了。

第五章

认真聆听：在倾听中寻找谈话重点

谈　话　的　艺　术

认真倾听，听出对方的弦外之音

如何听出一个人的"弦外之音"？对此，曾国藩说："辨声之法，必辨喜怒哀乐。"一个人的七情六欲，喜怒哀乐都可以从声音中听出来。所谓"话由心生"，心境不同，发出的"声"也会有很大的不同。在人际交往中，我们时常会遭遇这样尴尬的场面：对方明明是一张笑脸，却转眼变成了黑脸。究其缘由，就在于我们没能适时听出对方的"弦外之音"。有时候，语言的交流就像一场没有硝烟的战争，彼此都是心照不宣，但为了保持一种良好的风度，却又不敢直接表露出来。

于是，那些看似平静的言辞之中，往往隐藏着刺儿。如果你稍有不慎，就会被对方的弦外之音所伤害，使自己处于一个被动的境地。所以，与人交往，我们要留意对方的话语，学会听懂对方的"弦外之音"。

在吕不韦命人编撰的《吕氏春秋》完工之日，他召集了包括李斯在内的很多人举行了一次盛大的聚会。在一片欢声笑语中，吕不韦面带笑容，慷慨言道："东方六国，兵强不如我秦，法治不如我秦，民富不如我秦，而素以文化轻视我秦，讥笑我秦为弃礼义而上首功之国。本相自执政以来，无日不深引为恨。今《吕氏春秋》编成，驰传诸侯，广布天下，看东方六国还有何话说。"字字掷地有声，百官齐齐喝彩。

之后，吕不韦召士人出来答谢，吕不韦也坦然承认，这些士人是《吕氏春秋》的真正作者。李斯发现那些士人精神饱满，神态倨傲，浑不以满殿的高官贵爵为意。在他们身上，似乎有着直挺的脊梁，血性的张狂。当时的《吕氏春秋》中记载："当理不避其难，临患忘利，遗生行义，视死如归。""国君不得而友，天子不得而臣。大者定天下，其次定一国。""义不臣乎天子，不友乎诸侯，得意则不惭为人君，不得意则不肯为人臣。"

李斯看着那些强悍的将士，聪明的他猜出了吕不韦的弦外之音：哪怕有一天我吕不韦失去了天下，但是只要有这些英勇的将士，谁也别想轻视我。如果你想和我作对，还是需要好好考虑再作打算吧。于是，李斯当即陷入了沉默，不再言语。在这里，吕不韦虽然是笑容满面，声音也很正常，但从那平稳的语调中，却透露出一种胁迫的力量。

当我们听出对方的弦外之音后应如何做呢？以下两招可以灵活使用。

1. "温柔"的反击

当女记者对丘吉尔说："如果我是您的妻子，我会在您的咖啡里下毒药的。"丘吉尔温柔地看着她说："如果我是你的丈夫，我就会毫不犹豫地把它喝下去！"在这里，丘吉尔的声音里一点也没表现出生气的情绪，反而是温柔地告诉对方自己心中所想。

有时候，在与他人的语言交流中，如果我们在言语上触碰了对方的伤痛，这时，对方还是以平静而温柔的声音回答我们，我们就应该留意了，对方话里是否藏有"利剑"。当然，并不是指所有温柔、平静的声音里都藏有弦外之音、言外之意，这需要我们根据语言交流的场景来猜测。

2.犀利的语调

有的人本身不善于隐藏自己的情绪，一旦被话语击中，他会毫不犹豫地进行反击。这时，对方心中愤怒的情绪已经反映在其犀利的语调中了。如果是面对言辞犀利的对手，我们不妨采用一些方法进行回击。

当然，这也需要掌握一些语言上的技巧，或者是话里有话地答复对方，或者是用自嘲的方式来使自己摆脱困境。你在组织措辞的时候，一定要注意即便是回击也要不着痕迹，不要伤害到对方，在对方面前，你应该保持一个对手应该有的胸怀和气度。

通常情况下，那些隐藏在话语里的"弦外之音"是不会轻易地被发现的，它只是在话里间接地透露出来，而不是清晰地表达出来，它有可能隐藏在语调里，有可能藏在音色里。这就需要我们在与对方进行语言交流时，仔细揣摩出话语里的弦外之音，才能清楚对方想表达的真实意图是什么。

学会倾听，让对方平静下来

西方有一句谚语：倾听是最高的恭维。英国学者约翰阿尔代说："对于真正的交流大师来说，倾听和讲话是相互关联的，就像一块布的经线和纬线一样。当他倾听的时候，他是站在他同伴的心灵的入口；而当他讲话时，他则邀请他的听众站在通往他自己思想的入口。"生活中，我们经常会遇到这样的事情：当一个遭遇烦恼的朋友找自己倾诉，我们只需要认真听他讲话，当他讲完了，心情就会平静很多，甚至不需要我们做任何事情来帮助其恢复平静。

在一次推销中，乔·吉拉德与客户洽谈顺利，眼看就快要签约成交的时候，对方却突然变了卦——快进笼子的鸟儿飞走了。

当天晚上，按照顾客留下的地址，乔·吉拉德找上门去求教。客户见他满脸真诚，就实话实说："你的失败是由于你没有自始至终听我讲的话，就在我准备签约前，我提到我的独生子即将上大学，而且还提到他的运动成绩和他将来的抱负。我是以他为荣的，但是你当时却没有任何反应，而且还转过头去用手机和别人讲电话，我一恼就改变主意了！"

这一番话重重地提醒了乔·吉拉德，使他领悟到"听"的重要性，让他认识到假如不能自始至终倾听对方讲话的内容，认同顾客的心理感受，难免会失去自己的顾客。以后再面对顾客时，他就十分注意倾听他们的话，不管是否和他的交易有关，都给以充分的尊重，并收到了意想不到的效果，终于他成为了一名推销大师。

在沟通过程中，占据主动位置的一定是会说的人吗？不一定，有时候，能够把控沟通主方向的人往往是一些善于倾听的人。倾听者的积极回应是谈话者继续说下去的直接动力；倾听者的淡然冷漠是谈话者调整话题的风向标。因此，假如我们必须要学会善于利用我们的耳朵，做一个善于倾听的人，并牢牢地抓住沟通的主控权。

还有一次，乔·吉拉德拜访了一个有趣的客户，一开始，客户就喋喋不休地谈论自己的儿子，他十分自豪地说："我的儿子要当医生了。"乔·吉拉德惊叹道："是吗？那太棒了！"客户继续说："我的孩子很聪明吧，在他还是婴儿的时候，我就发现他相当聪明。"乔·吉拉德点点头，回应道："我想，他的成绩非常不错。"客户回答说："当然，他是他们班上最棒的。"乔·吉拉德笑了，问道："那他高中毕业打算干什么呢？"客户回答："他在密歇根大学学医，这孩子，我最喜欢他了……"话匣子一打开，客户就聊起了儿子在小时候、中学、大学的趣事。

第二天，当乔·吉拉德再次打电话给那位客户时，却被经理告知客户已经决定在自己手中买车，而客户的原因很简单，他说："当我提起我的儿子吉米有多令我骄傲的时候，他是多么认真地听。"

或许，有人错误地理解多说话才能把握沟通的主动权，其实，多说话会给我们带来很多负面的影响，多说有可能会使他人对你产生戒心，认为你有某种企图；说得太多了，他人会对你敬而远之，因为他没有义务当你的倾诉筒；况且，说话这件事，说得多了，难免会出错；有时候，说得太多，暴露的信息太多，就会被别人看穿。

1.倾听会让你受益

布里德奇说："学会了如何倾听，你甚至能从谈吐笨拙的人那里得到收益。"倾听并不是没有任何意义的随声附和，一个优秀的倾听者可以从说话者那里获取大量的信息，赢得对方的喜欢，达到打动人心的目的。

2.掌握倾听的技巧

不过，倾听也是有技巧的，除了听之外，需要适时地重复对方话语中的关键字眼。当然，倾听比说话更需要毅力和耐心，假如你只是埋头玩自己的手机，或者把头撇向一边，这样无疑会打击说话者的积极性。

3.倾听是沟通的前提

只有听懂了别人表达的意思，我们才能沟通得更好。倾听是说话的前提，先听懂别人的意思，再表达出自己的想法和观点，才能更有效地沟通。同时，听懂了别人的意思，我们才有机会掌握沟通的主动权，如此，也更容易打动人心，达到办事成功的目的。

卡耐基说："对和你谈话的那个人来说，他的需要和他自己的事业永远比你的事重要得多。"所以，做一个懂得倾听的人，并将这样的美德沿袭在自己身上，你会赢得比别人更多的机会，获取更多的信息，把握沟通的主动权，更加有效地打动人心。

少说多听，鼓励对方多倾诉

有一个笑话是这样说的：儿子问爸爸为什么人有两只耳朵，一张嘴。这时，看球的爸爸正被拖地的妈妈唠叨得不胜其烦，就指着她对儿子说，看看你妈就懂了，老天爷在提醒我们，少说话，多听话！看过这则小幽默，会心一笑之后，我们也应该从中悟出一个道理：在人际交往中，少说多听，是保持良好沟通、维持良好关系的一大法宝。

周六的上午，睡到自然醒的凯伊看了眼手机，吓了一跳。十几个未接来电，全是同事兼哥们儿袁海打来的。他以为出了什么事，忙回拨过去。挂了电话后，他却笑出眼泪来。

原来，天生嘴笨的袁海，有心在今晚公司举办的舞会上邀请暗恋已久的艾美共舞一曲，然后和她聊一聊天，套套近乎。他一个劲儿问交际达人凯伊应该聊些什么，才能打开同样不善言辞的艾美的话匣子。

"兄弟莫急，待我起床洗漱收拾一番，这就去你府上，为你指点迷津。"说完这些，凯伊又伸了个懒腰。

到了袁海家，凯伊三两句就说完了教给袁海的话，袁海将信将疑，"就这样，这样能行？"

"放心吧，听我的，准没错。今晚舞会上我就不去当电灯泡了，咱们各走各的，散会了回来，我等你好消息。"

果然，晚上11点半左右，凯伊的手机响了，电话那头，袁海激动得语无伦次，说舞会散场后，他和艾美又找了家咖啡馆，一直聊到现在才告别。

"怎么样，我说得没错吧！"凯伊也衷心地为兄弟感到高兴，"艾美平时不说话，是因为没人好好听她说。你只要知道她的兴趣，引导她说出来，再有足够的耐心听她讲，她比谁都愿意说话。"

"真没想到，你连接触不多的艾美都这么了解。"袁海佩服得五体投地。

"我不是了解艾美，我是了解人类的共性。每个人都有想说的话，都希望有人能好好地听他说话，重视他的话，喜欢他的话。这个呀，就叫倾诉需求。兄弟，要追到艾美，任重而道远啊，继续研究吧！"

我们都知道，沟通是一切社会交往的前提和基础。而要做到良好地、有效地沟通，不仅要求我们善于诉说，还要求我们长于倾听。心理研究表明，倾诉是人类共有的、重要的需求，每个人都渴望倾诉，每个人都希望自己的倾诉能被人倾听、被人关注。我们在社会交际中，如果能够学会倾听，学会满足交际对象的倾诉需求，那么，就能在短时间内获得对方的好感与信任，在人际关系中占据有利地位。

倾听，是为了更好地了解对方、认识对方，是为了用更短的时间去掌握更多的信息，是为了令交流双方迅速建立良好的沟通，是为了让沟通少一些障碍，少一些摩擦。

那么，我们在与人交流时，需要注意哪些方面，才能让自己的倾听更加高效呢？

1.让对方感受到你的诚意和兴趣

当他人在倾诉时，我们应当适当运用各种信息传递方式，如有声语言的表达，肢体语言的辅助，音调语气的控制等，表现出自己对于这次沟通的诚意，表现出自己对于对方所言内容的兴趣。谁也不愿意和一个毫无诚意或是觉得自己的话题索然无味的对象交流，那只会让自己陷入尴尬，且失去安全感。诚意，是打开人们心锁的钥匙；兴趣，是缩短交际距离的推手。

2.让对方感受到你的参与

倾听是一个过程，整个过程的原则是少说多听，而绝不是"只听"，少有人能够从头到尾毫无表示而达到高效倾听的目的，这样也无法满足倾诉者的需求；也少有倾诉者能够"目中无人"、片刻不停地从交流开头滔滔不绝直到结尾，他们也不愿意在拥有倾诉对象时依旧自言自语地上演独角戏。既然是沟通，是交流，那必然是相互的，是彼此合作的。因此，作为倾听者，我们也要参与到这场谈话中来。你的话可以很少，但不应该没有；你的表情可以不丰富，但不应该凝固。让倾诉者感受到互动，才能让他真正感觉到被尊重。

3.捕捉信息须从多方下手

聆听他人的倾诉时，我们要展现诚意，我们要展现兴趣，我们要与对方及时互动，而我们给出的这一系列反馈，是否真正合乎对方的心意，一切要以对方内心的真实感受为准。这些感受，对方很少100%吐露，尤其当交流双方并不熟稔时，我们想要掌握的信息，只能靠我们自己去捕捉。所谓倾听，不止要听，更需要看。就像你的肢体语言能够向对方传达你的心意，对方的微表情、小动作，也在透露着他的真实情绪和心理状态。

 ## 倾听有技巧，听出他人话中的重点

你是否有过这样的体验：因为某些原因，你无法直言相告一些心里话，只得委婉表达、含蓄开口，而对方却毫无知觉，应答之语与你心中之声"驴唇不对马嘴"。这时，无论对方是在装傻充愣，还是真的天真质朴，你都难再有与之交谈的欲望。因为，他听不懂你的话，让你觉得话不投机；你们之间的沟通障碍，如同重峦叠嶂，让你没有耐心再去尝试。别小看倾听的能量，一个不善倾听、不懂沟通的丈夫兴许会失去现在美满的家庭。

听到闺蜜园园离婚的消息，美美着实吃了一惊。正当她不知如何安慰园园时，园园主动约了她，说趁着这个周末天气不错，一起出去逛街喝茶，聊天散心。

两人逛了半天，园园的神色才有些缓解。来到一间咖啡馆，两人挑了一个小包间，点了一壶咖啡，便聊了起来。

园园长叹一声，先开了口，"离婚这事，我跟谁都没聊，就想跟你聊聊。他们都只会说我不知足，找了一个这么老实的男人还瞎折腾。只有你懂我，理解我。其实，原本我也觉得他挺不错的，下就回家，家务活也帮着我干，除了看电视没什么别的爱好。虽说他不交家用，可我自己有收入，而且住在父母家，因此也不计较这些。后来有了孩子，开销突然大了，除了交给父母的钱，不说别的，光是孩子的奶粉、尿布，我也吃不消了。他呢，还是那一副老样子，完全不求上进。家用一分不给不说，也不考虑将来我们自己要买车买房，拿的那点工资有时还没我的奖金多，就心满意足。下班回来就坐在电视前傻笑，工作时候就上上网、玩玩游戏。跟着他，真不知道什么时候能熬出头。"

园园喝了口咖啡，见美美不说话，只是默然点头，又说道，"其实这些对我来说，都不是最要命的，钱的问题总有方法解决，我也不是没有工作能力的人。最要命的，是我跟他无法沟通。举个例子，那天我打算认真和他谈一谈，要他好好想想我们的将来，这不是我一个人努力就能做好的。我跟他分析了现在的形势，告诉他以后孩子的花销，我们买车买房的预算。说这些，无非是想让他上进一点，有点责任感。你猜，他怎么回答我的？他说，知道了，一会儿去银行取1000块钱给你。"

看着美美哭笑不得的神情，园园也苦笑起来，叹道，"这就是平时我和他沟通的常态。两个完全不在一个频道上的人，你让我怎么交流？结婚过日子，两个人是要相伴到老的。那个人连你的话都听不懂，这日子还怎么过？"

俗话说："射人先射马，擒贼先擒王。"凡事都要把握重点，抓住要害，才能如鱼得水、手到擒来。同样，在与人交往中，在倾听别人的时候，我们只有学会抓住重点，才能听懂对方的真正意思，才能让对方觉得与你沟通是一件轻松惬意的事。只有这样，才能为下一次的沟通打下良好基础，才能在人际交往中占据主动。

1.多留意那些出现频率高的词汇

当我们想强调某种意思时，或是对方一直难以理解时，我们往往会有意或无意地强调那些含有我们真正意图的关键词。同样，在交谈中，当对方口中频繁出现某些词汇时，我们就应多加留意，仔细思索这些词汇所蕴含的意义，探究对方心中的真实想法。

2.多想想那些含有深意的言语

对于某些话题，含蓄的中国人往往不习惯直接表达。话说得太清楚，有时反而令双方陷入尴尬。因此，在与人交流时，我们也要学会透过委婉的语言，听出他人的言外之意。例如，当朋友和你聊天时，总是提及高昂的物价和自己的窘境，你就要想想他是在催你还钱，还是打算向你借钱了。

3.多揣摩那些看似无心的暗示

除了言外之意，对方表达出的暗示，更多时候会体现在肢体动作或面部表情上。例如，孩子向长辈拜年时，虽然口中不断说着祝福之语，说着自己已经长大了，不再要压岁钱，但眼巴巴的神色，依旧流露出他们对红包的渴望。准新娘看见橱窗中昂贵的婚纱，口中说着"这么贵疯子才买"，然而进了婚纱店后眼睛就没离开过那件婚纱，这时就是考验准新郎应变能力的时候了。

善于倾听，才是真正会说话的人

人与人之间的交流，离不开语言的沟通。说话是一门艺术，只有真正掌握这门艺术的人，才是真正会说话的人，才能与他人之间和谐友好地交流沟通，为自己的人际关系加分。然而，大多数朋友只意识到会说话的重要性，却不知道会说话三分在于讲，七分在于听。我们必须做到会倾听，善于倾听，才能成为真正会说话的人，才能更好地与他人交流、沟通，达到我们预期的目的。

很多朋友都知道，说话一定要掌握分寸。没错，同样意思的表达，有分寸和没分寸，起到的效果是截然不同的。要想把握分寸，除了掌握语言的艺术之外，在倾听他人的过程中多用心，专心倾听，是关键所在。常言道，言多必失，我们唯有把握好说话的分寸，才能避免因为说多了或者说得过分了，导致产生不可挽回的负面作用。要知道，说出去的话如同泼出去的水，话一旦说错了，就很难起到积极的作用和正面的影响，甚至还会导致事与愿违。早在古时候，先哲们就奉劝世人，"逢人只说三分话，不可全抛一片心"。人生知己难求，我们不可能把每个人都当成自己的知己掏心掏肺。所以，对于不能推心置腹的人，我们最好的办法就是见人只说三分话，而把其他的七分精力用在倾听对方诉说上。这样我们一则可以有效保护自己，二则还可以聆听他人的心声，对他人表示尊重和认可，从而也能博得他人的认可和好感，可谓一举两得。

在朋友的邀请下，卡尔参加了一个晚宴。但是，这个晚宴上的很多人卡尔都不认识，因此他觉得有些无聊。因为和一位著名的植物学家相邻而坐，因此卡尔和植物学家聊了起来。这位植物学家非常健谈，他滔滔不绝地为卡尔讲述各种关于植物的逸闻趣事，还向卡尔普及植物学知识。卡尔一直面带微笑耐心地听着，偶尔做出反应，表现出惊讶或者惊喜或者恍然大悟的表情。结果，整个晚宴持续几个小时，卡尔什么都没做，就一直在听植物学家讲话。

晚宴即将结束时，植物学家当着所有的人面，夸赞卡尔是最有意思的人，最好的交谈对象。奇怪的是，卡尔自始至终都保持缄默，只是偶尔做出适当的表情反应而已。他为何能成为最好的交谈对象，得到植物学家如此高的评价呢？

实际上，倾听也是一种交流。而且，作为交流方式之一，倾听有很多不为人知的好处。细心的朋友们会发现，和那些说起话来滔滔不绝、口若悬河的人相比，懂得倾听的人，比懂得谈话的人拥有更好的人缘。究其原因，倾听能够表现出对于说话者的极大尊重，对于尊重自己的人，人们自然会非常感兴趣且非常认可啦！很多人自以为聪明，总是打断别人的谈话，从而迫不及待地表达自己。殊不知，这么做只会招人反感，导致事与愿违。

我们除了能够通过倾听捕捉到关于他人的更多信息之外，还可以得到他人的好感，最重要的是从心理学的角度来说，我们的倾听还能给对方提供心理空气。这样一来，对方在与我们交流的过程中就能够获得精神上的满足，而且还会对我们非常认可。当然，倾听也是一种重要的交流技巧，需要我们多多提升和培养自己，才能获得这样的技巧。很多看过心理医生的人都知道，心理医生就是最好的倾听者。很多心理医生在对病人进行治疗的过程中，首先扮演的角色就是合格的倾听者。他们不会刻意强制要求病患接受他们的正确看法，而是耐心、认真、细致地倾听病患的讲述。他们很善于引导病患说出自己内心的感受，也善于积极地诱惑病患说出自己内心的烦恼和苦闷。他们的情绪也会随着病患的感情而不断变化，展现同理心，对病患感同身受。这样一来，病患才能更好地抒发自己内心的感受，治疗也就自然而然地进行了。

人们总是觉得，善于倾听的人总是沉默着，觉得这对于人际交往而言是弊端。实际上，只有沉默，我们才能更加集中注意力倾听他人，也才能对他人进行正确的判断，这是任何只顾着滔滔不绝的人都无法体验到的。假如你想成为一个很好的听众，也想经营好自己的人际关系，让自己成为好人缘的人，你就必须表现出对他人谈话的莫大兴趣，并且集中注意力全神贯注地倾听他人。记住，任何人在与你交谈的时候，他们都更加关注自己的一切，而不是关注你所谓的问题和话题。在交谈中，谁能把注意力更多地用于关注交谈对象，谁就能获得谈话的成功。

第六章

适当拒绝：必要时刻，敢于说不

谈　话　的　艺　术

拒绝对方，也不能伤了对方面子

在日常生活中，我们都不可避免地会遇到需要拒绝的人或事，面对别人提出的不合理、不合适的要求或者自己不愿意去做的事情，这时需要我们大声说"不"，不要以为自己就是受欺负的，不要以为自己总是要对别人言听计从。虽然，拒绝是必然的，但拒绝的方式却是需要考量的，直接的拒绝将意味着对他人意愿或行为的一种否定，无形中会打击到对方的自信心，甚至伤害对方的自尊心。那么，有什么办法能够既保全了双方的面子，又巧妙地达到拒绝的目的呢？

在拒绝的时候，我们需要考虑到对方的面子，而幽默地拒绝恰好可以巧妙地体现这一点，用幽默的方式来拒绝对方，让对方在毫无准备的大笑中失望。比如面对同事相约去钓鱼的要求，"妻管严"丈夫回答"其实我是个钓鱼迷，很想去的，可结婚以后，周末就经常被没收了"，同事哈哈大笑，也就不再勉强他了。

意大利音乐家罗西尼生于1972年2月29日，因为每4年才有一个闰年，所以等他过第18个生日的时候，他已经72岁了。在他过生日的前一天，一些朋友来告诉他，他们凑集了两万法郎，要为他立一座纪念碑。他听了以后说："浪费钱财！给我这笔钱，我自己站在那里就好了！"

罗西尼本来就不同意朋友的做法，但他并没有正面拒绝，转而提出一个不合理的想法，含蓄地指出朋友的做法太奢侈了，点明了这种做法的不合理性。拒绝是需要讲究技巧的，尤其是语言上的诀窍之处，只有掌握了这些技巧，才会既不得罪人，又能让别人欣然接受。

有一天，萧伯纳收到了著名舞蹈家邓肯的求爱信，她在情书中写道："如果我们结合，有一个孩子，有着和你一样的脑袋，和我一样的身姿，那该多美妙啊！"萧伯纳看了信以后，很委婉又很幽默地回了一封信，他在信中说："依我看那个孩子的命运不一定会那么好，假如他有我这样的身体，你那样的脑袋岂不糟糕了吗？"

邓肯收到信以后，明白了萧伯纳的拒绝之意，她失望地离开了，但她一点也不恨萧伯纳，反而成了他最忠实的读者和好朋友。

拒绝的话一向都不好说，说得不好很容易扫了对方面子，或者让自己陷入尴尬情境之中。所以，我们在拒绝他人时，需要讲究策略，最关键的一点就是用含蓄委婉的语言来传达"拒绝"的心理。

1.委婉暗示

有时候面对下属提出的建议，上司不忍拒绝，只好委婉地暗示"这个想法不错，只是目前条件还没有成熟，我觉得你应该把工作重心放在现阶段的主要工作上"。有时候，身边的同事或朋友可能会向你打听一些绝密的事情，但原则问题要求你保密。这时候，你不妨采用诱导性暗示，诱导对方自我否定。比如，你可以对他说："你能保密吗？"对方肯定回答："能。"然后你再说："你能，我也能。"

2.借助他人之口把拒绝的话说出口

如果自己不知道该如何拒绝，你可以借助他人之口把拒绝的暗示语说出口。比如利用公司或者上司的名义进行拒绝，"前几天董事长刚宣布过，不准任何顾客进仓库，我怎么能带你去呢"，或者说"这件事我做不了主，我会把你的要求向领导反映一下，好吗"。

我们可以通过语言来向对方暗示说"不"，拒绝也是一种艺术，这样既能达到巧妙拒绝的目的，又不至于让对方心里产生不快的情绪，这才是最高明的拒绝。在某些时候，我们不得不说"不"，当然，拒绝并不是以伤害他人为目的，而是以和为贵，尽量在保全双方面子的前提之下进行的。

拒绝他人，不宜太过直白

其实，中国人受传统思想的影响，他们在说话时大多是含蓄的、委婉的，即便是在拒绝别人的时候。不过，就算是我们擅长委婉说话，但在现实生活中，还是不乏一些口直心快的直爽人，对于这样性格的人，应该记住拒绝别人时不要太直白，这样容易让对方心生怨恨。拒绝是一种艺术，既能巧妙达到拒绝的目的，又不至于让对方心里产生不快的情绪，这才是高明的拒绝。

通常而言，太过直白的拒绝往往具有伤害性，不仅严重打击对方的积极性，而且还会令对方心生怨恨。拒绝，意味着否定了他人的意愿或行为，但太过直接，就会伤害到对方的自尊心。

张大千留有一把长胡子，在一次吃饭时，一位朋友以他的长胡子为理由，连连不断地开玩笑，甚至消遣他。

可是，张大千也不烦恼，不慌不忙地说："我也分享给诸位一个有关胡子的故事。刘备在关羽、张飞两弟亡故后，特意兴师伐吴为兄弟报仇。关羽之子关兴与张飞之子张苞报仇心切，争做先锋。为公平起见，刘备说：'你们分别讲述父亲的战功，谁讲得越多，谁就当先锋。'张苞抢先发话说：'先父喝断长板桥，夜战马超，智取瓦口，义释严颜。'关兴口吃，但也不甘落后，说：'先父须长数尺，献帝当面称为美髯公，所以先锋一职理应归我。'这时，关公立于云端，听完忍不住大骂道：'不肖子，为父当面斩颜良，诛文丑，过五关，斩六将，单刀赴会，这些光荣的战绩都不讲，光讲你老子的一口胡子又有何用？'"

听完张大千所讲述的这个故事，众人哑口，从此再也不扯胡子的事情了。

拒绝是一门艺术，它最忌直接，而拒绝的最高境界是让你和对方都不至于陷入尴尬的境地。朋友以张大千的胡子开玩笑，甚至有些过分，张大千想制止对方，可是如果轻描淡写地说的话，恐怕对方会不以为然，声色俱厉，而且会伤了朋友之间的和气。张大千这样一说，委婉地告诉对方，你们拿我的胡子开玩笑，我已经忍了这么长时间了，再这样下去，我可就不高兴了。意思传达了，大家自然知趣，不再提这个话题了。

坐落在北京市房山区白云山下的云居寺又名西域寺，俗名小西天，是一座规模宏伟、建筑精美的寺院。寺内有南北压经塔两座，以秘藏丰富的石刻经板而名闻中外。

1956年，印度总理尼赫鲁来中国访问时，周恩来总理陪同他参观云居寺和出土的石经。尼赫鲁看到这批精美的石经后，不无感慨地说："总理阁下，我们印度是佛教的发祥地，有西天天竺国之称，贵国唐代敕封的唐僧曾来西天拜佛，取回真经万卷，弘扬佛教。现在我来到中国号称小西天的云居寺，目睹这些刻在石板上的石经，说不定有些经卷在印度已经失传，请允许我和阁下商量，印度愿以同等重量的黄金，换两块同等重量的石经，运回印度供奉，恳请阁下俯允。"

周恩来总理微笑着说："这些石经，是中国人民经过一千多年创造的天下奇迹，号称国宝，黄金有价，国宝无价呀。我作为中国总理，怎能用无价的国宝换取有价的黄金呢！我不能答应，请阁下谅解。"

说完，两位总理都笑了。

在这个案例中，面对印度总理尼赫鲁用重金购买石经的要求，周恩来总理并没有直接拒绝，因为直接拒绝将预示着两国关系很容易陷入僵持的局面，因此，他这样说"这些石经，是中国人民经过一千多年创造的天下奇迹，号称国宝，黄金有价，国宝无价呀。我作为中国总理，怎能用无价的国宝换取有价的黄金呢！我不能答应，请阁下谅解"，以委婉的方式拒绝了对方的要求，同时获得了对方的谅解，堪称拒绝的最高境界。

1.委婉的拒绝更适用

我们不建议用直接的拒绝方式，比如这两种拒绝方式，"我不吃日本料理""附近还有其他特色餐厅吗？我不太习惯吃日本料理"。前一句更像是一句带着刺的话语插进对方心里，典型的自我中心，践踏了别人的一番好意；而后一句则委婉地表达了自己的想法，别人会更容易接受。

2.艺术性地拒绝

在日常生活中，我们需要拒绝，也要发挥女性特有的魅力，也就是需要说"不会让对方伤心的拒绝话"，艺术的拒绝方式让对方感受不到一点伤害，反而会理解你的处境。当别人对你有所求而你却办不到的时候，你不得不说"不"，当然，拒绝并不是以伤害他人为目的，而是以和为贵，尽可能在不影响两人关系的前提之下进行。虽然拒绝是很难堪的，但在不得已的时候还是会用到拒绝，事实上，只要你能够很好地运用拒绝的艺术，它最终带来的并不是尴尬而是和气。

当我们开始说不的时候，态度必须是委婉而又坚定的。委婉地拒绝比直接说"不"更容易让人接受。比如，当同事提出的要求不合公司部门规定的时候，你可以委婉地告诉对方你的权限，自己真的是爱莫能助，如果出了事，会对公司与自己产生冲击。

借助第三方拒绝他人，不至于太尴尬

当我们无法直接开口拒绝别人，却又不知该如何婉转相拒时，不妨试着找出一块"挡箭牌"，借第三方的口，死求助者的心。由于第三方介入，因此从形式上来看，我们的拒绝并非出自本意，而是"不得已而为之"。而借助第三方拒绝他人时，第三方往往不在现场，因此也会令求助者自觉无损颜面，不至于太过尴尬。

在《红楼梦》第三回中，林黛玉抛父进京都，来到了贾府。在荣国府中，见过贾母等人后，便前去拜见两个舅舅。在大舅舅贾赦处，舅母邢夫人"苦留吃过晚饭去"，林黛玉笑着答道："舅母爱惜赐饭，原不应辞，只是还要过去拜见二舅舅，恐领了赐去不恭，异日再领，未为不可。望舅母容谅。"

邢夫人听说，笑道："这倒是了。"遂令两三个嬷嬷用方才的车好生送了姑娘过去，于是黛玉告辞。

林黛玉这一番拒绝十分得体，她没有直接回绝邢夫人的邀请，而是以要见二舅舅为名，谢绝了舅母的赐饭，既表现出对邢夫人的感激和尊敬，又体现了自己懂礼知节的风范。邢夫人非但不恼，反而更加欣赏这个外甥女。文中描写了林黛玉一进贾府便"步步留心，时时在意"，唯恐做了什么错事遭人耻笑。从这一处小细节上，我们便看出了林黛玉处处留心、小心翼翼的状态。

拉人挡箭，是一种十分机智的拒绝方式。第三方的观点、第三方的"证词"、第三方的规定、第三方的身份……都可以成为我们拒绝他人的理由。被抬出的第三方，往往是求助者应当尊重的、需要顾及的。因此，一旦我们请出挡箭牌，求助者通常便不再勉强。如此一来，我们借助他人之名，不仅推卸了自己的责任，也在对方无法反驳的同时，成功让自己金蝉脱壳。

那么，哪些人适合成为我们的"挡箭牌"，做我们拒绝他人的理由呢？

1.公司、单位

公司的规则、单位的章程，往往可以成为我们拒绝他人的绝佳"武器"。公司（或单位）代表的是一个集体，公司的规则代表了集体的利益和规范，在某个范围内具有一种公共的约束力。当以公司的名义拒绝他人时，我们代表的不是个人，而是集体；表达的也不是个人态度，而是一种集体的意愿。例如，"对不起，不是我不愿给你报销，而是销售科这个月的应酬费用已经超出了公司的新规定。"或是，"亲爱的，你的工作问题我也在想办法帮你解决，可是如果你想进我们公司的话，公司规定同事之间不许谈恋爱，你能接受吗？"这样一来，我们既表示了拒绝对方并非自己所愿的态度，也让对方无法再纠缠下去。

2.长辈、领导

借助长辈或领导的名义拒绝他人，不仅体现了我们尊老敬上、循规蹈矩，也能让我们在拒绝同辈或同级时一招制胜，免去许多不必要的麻烦和尴尬。例如，"陈总特意在公司会议上嘱咐你写这篇稿子，你非要我帮你写。我的文笔风格陈总再熟悉不过了，被他发现了，我们都跑不掉啊！"或者，"亲爱的，我也想多陪你一会儿。可是已经很晚了，爸爸最讨厌我晚归了。你一定不忍心让我被他骂吧！"对于每一个人来说，长辈、领导都象征着权力、威严，他们高高在上，令人不敢忤逆。我们只要搬出他们做挡箭牌，相信被拒者也能体谅到你的苦衷。

3.爱人

当自己的爱人与自己处于不同的社交圈时，我们在拒绝他人的请求时，完全可以将爱人拖来为自己挡箭。例如，"真不好意思，家里的车钥匙不归我管。我老公那人，爱车如命，比在乎我还在乎车，为了这个我们没少吵架。恐怕我没法答应借你车了。"或者，"借钱这事，我真得和男朋友商量下。我这人花钱没数，没什么积蓄，存折上的钱基本上都是他赚的。"俗话说"疏不间亲"，在人们心中，每个人最亲密、最贴心的人就是伴侣，谁也不愿自己的请求破坏某对伴侣之间的感情。因此，当我们以爱人为借口拒绝他人时，对方往往会默然接受这样的结果。此外，因为爱人与对方并不处于一个社交圈，因此这样的拒绝也不会引起对方太多的抱怨。

4.朋友、同事

从亲密度、权威度来说，朋友或同事并不适合直接成为我们拒绝他人的借口，但是我们可以用朋友或同事来"作证"，证明自己所言非虚，拒绝并非有意。例如，"今晚不行，小情早就和我约好要去逛商场。"或者，"你问丽丽，从小我数学就没及格过，帮你做账本这事我真没办法答应。"这样，借助朋友或同事的口来坐实你的那些理由，言之凿凿之余让对方无法再坚持下去，也难以埋怨你。

 避免针锋相对，含糊其辞更具有弹性

生活中某些特殊的情况下，我们虽然心中坦荡，却无法直言相告。既然精确的回答不适合这些情况，那么我们就只能选择含糊其辞了。也许有人会说，逃避不能解决问题。其实生活中的很多事情都不是非黑即白的，我们只有采取灵活的方式巧妙回答，才能避开他人的锋芒，避免争吵，从而使事情和平得到解决。

和确凿无疑的回答相比，含糊其辞显然更具有弹性。这样一来，在面对他人的质疑时，我们就有了更大的回旋余地，可以根据事情的发展形势，及时地做出调整和反应。这样一来，既可以说是，也可以说否，我们也就有了更大的主动权，从而避免了在一开始就因为把话说得太绝对而出师不利。

有一天，作为百兽之王的狮子生病了。他躺在山洞里饿得气喘吁吁，因而就让它的军师狐狸去召集百兽来看他。所谓病死的骆驼比马大，虽然狮子生病了，但是威严依然存在，很多小动物都胆战心惊地才敢靠近狮子，说话时也吓得瑟瑟发抖。其实，狮子是有私心的，它想趁着大家来看他的机会，伺机吃掉几只小动物，以帮助自己恢复体力。不过，军师狐狸并不知道狮子的如意算盘，因而很快就把小动物们带到了狮子的山洞前。

最先进去的是斑马。斑马非常憨厚诚实，从来不会撒谎。听到狮子问："森林里谁是无人能敌的百兽之王？"斑马想了想，老老实实地回答："在大王没有生病之前，当然是您无人能敌。不过现在您生病了，老虎应该是最强壮的。"狮子愤怒地喊道："你这个家伙，居然敢藐视我，我一定要把你吃掉！"狮子猛地扑上去，咬断了斑马的喉咙。下一个进入山洞的，是机灵的豹子。看到狮子病病恹恹的样子，豹子知道如果如实回答，一定会失去性命。因而，他满脸堆笑地说："大王，虽然你现在身体有小恙，但是这个森林里依然无人敢与您抗衡。您当然还是大王啊，我们都很敬仰您！"看到豹子眼睛里泛出狡黠的光芒，狮子当然不相信豹子说的是真心话，因而也把豹子咬死了，拖到洞穴深处留着当养病的口粮。

第三个进来的是梅花鹿。看到狮子依然威风凛凛的样子，梅花鹿知道要想活命，必须做好打算。因而，面对狮子的提问，远远站着的她思来想去，眉头紧蹙，最终说："大王，我最近患了重感冒，头疼欲裂，实在无法思考。我想，我还是等过几天感冒好了再来看望您吧，不然，我很怕把感冒传染给您，那您病体初愈，可就又得遭罪了。"听到梅花鹿这么说，再加上梅花鹿的确不在他的攻击范围之内，因而狮子只得放过梅花鹿。

在这个实例中，斑马因为太过实在地回答问题，被狮子咬死了。豹子呢，因为心思过于活泛，拍马溜须的行为太明显，因而也没有保全性命。只有梅花鹿，在见势不妙之后就与狮子保持适度的距离，而且含糊其辞，以怕传染狮子感冒为由，逃过了一劫。虽然这只是一则寓言故事，却给我们揭示了深刻的道理：生活中，不管什么情况下，我们都无须把话说得太死、太满、太绝对，否则一定会因为无法回旋，而把自己逼入尴尬的境地，甚至惹祸上身。

生活中，对于一些不适合直言的问题，采取含糊其辞的方法巧妙回避，无疑是非常好的方式。这样能够避开他人的锋芒，躲避问题的本质，也能拖延回答问题的时间，给自己争取更长的时间进行审慎的思考。还有很多情况下，当对方听到你含糊其辞的回答，也许就明白了你的心意，不会继续逼迫你回答问题了。可以说，"弹性"才能给予我们更大的空间，让我们在需要的情况下适当回旋。

妙用"戴高帽"法，可以巧妙拒绝对方

有时候，我们用"戴高帽"的方式，也可以达到巧妙拒绝对方的目的。通常情况下，一个人被拒绝之后，心里会产生落差，他会觉得自己的言语或行为遭受了否定，甚至会有一种被遗弃的感觉。在这时，他急需要一种愉悦的情绪进行弥补，填补内心的落差，如果你在拒绝对方之时，再加上几句对其赞美的话语，那将是非常完美的。

在这个世界上，每个人都渴望受到他人的赞同与认定，即便自己的某些要求被否决了，但自己的另外一些方面受到了别人的赞美，那何尝不是遭受拒绝之后的一种补偿呢？

早上，熬了一个通宵的王女士还没起床，就被一阵敲门声

吵醒了。她很不耐烦地起来，胡乱穿了一件睡衣就开了门，只见门外站着一个十七八岁的女孩子，正犹豫着要不要继续敲门呢。王女士上下打量了对方一番，发现这个女孩子穿着随意的T恤牛仔裤，手提一个袋子，袋子封面上有"某某化妆品"的字样，一看这架势，应该就是上门推销的。

王女士有些不耐烦："大清早的，怎么就上门推销东西了？"那女孩子态度很谦和："不好意思，姐姐，打扰你了，我是某某公司……""姐姐？"王女士看着邋遢的自己，好像还把自己看年轻了，那女孩子谦逊的态度，让王女士不好拒绝，但是她平时最讨厌这种上门推销的业务员。她一边听那女孩子介绍产品，一边开始考虑到底怎么拒绝。

不一会儿，那女孩子就介绍完了产品，然后试探性问："姐姐，你平时用化妆品吗？"果然，马上就转到正题了，王女士摇摇头说："我白天晚上这样忙，哪里有时间去护肤呢，不过，说实在的，我可是很羡慕像你这样年纪的女孩子，皮肤好，身材好，那可是我做梦都想回去的年纪，可惜已经回不去了。"女孩子害羞得红了脸，说道："其实，姐姐看起来也很年轻的。"王女士笑了笑，说道："像你这样的女孩子就是好，我的女儿也就你这般年纪，现在正在上大学，青春真是无限好，如果我女儿在家就好了，估计她会对你的化妆品感兴趣，可是怎么办呢，现在我的女儿不在家，像我这样的老太婆，已经用不着了，下次我女儿回来了，一定欢迎你上门推销，好吗？"没想到这样一说，那女孩子一点也不泄气，反而很有礼貌地说："不好意思，姐姐，打扰你了，再见！"说完，就告辞了。

在案例中，王女士想拒绝上门推销化妆品的女孩子，但看着对方谦和的态度，又不忍心拒绝，怎么样拒绝才不至于让对方难以接受呢？她打量了对方以后，发现对方跟自己女儿差不多，于是，她先是赞赏了对方值得羡慕的年纪，这样"戴高帽"立即给对方带来好心情，然后再适时拒绝，这样的方式也令对方很容易就接受了被拒绝的事实。

1.让对方产生优越的感觉

"戴高帽"，其实就是赞美，或者说夸赞，将别人的地位无形之中抬高，让他有一种优越的感觉。而正是"戴高帽"所导致对方产生的优越感，会有效地弥补其遭受拒绝之后的落差心理。

2.人其实是很容易满足的

人总是这样，当他重新拾回了一个苹果，即便是他已经丢失了一个橘子，但他内心却还是非常愉悦，他们总是着眼于自己眼前的东西，对于那些丢失的或者得不到的，他们总是容易满足的。因此，当我们不得不对他人所提出的要求进行拒绝的时候，即便这样的拒绝对于他人来说是难以接受的，但若是适时说几句好话，那定会给对方意料不到的惊喜。

在生活中，虽然我们都知道拒绝是自己的正当权益，但我们都害怕拒绝别人，也害怕被人拒绝，无论是处于哪一方，都将会遭受消极情绪的折磨。在这样的情况下，为什么不能将拒绝变换一种方式呢？就好像本来一个平常无奇的三明治，突然中间多了许多美味的蔬菜，那该是多么大的惊喜。所以，在拒绝对方的时候，我们要善于用抬高的方式来拒绝别人。

第七章

言语周密：言之有序，表达清晰

运用逻辑语言来达到你说话的目的

我们都知道，在现代社会，说话是一种生存和交流的艺术。有些人在说话的时候，尽管滔滔不绝，但却漏洞百出，从而让人失去兴趣。而会说话的人，往往能够在三言两语之间给别人的心灵以震撼，灵魂以启迪，让对方在心悦诚服之际接受自己的意见和建议。我们要想在社交场合立于不败之地，就要练就滴水不漏的说话本领，而我们要想让说出的话无懈可击，就要懂得运用逻辑推理法，逐步将对方带入到我们设置的语言陷阱中。

一个周六的早上，老年保健仪器推销员小林敲开了某客户吴先生的门。开门的正是吴先生。

进门以后，小林扫视了一下客厅，整个客厅，都有种古色古香的感觉。不一会儿，他抬头就看见满客厅的字画。很快，他就找到了与吴先生交谈的话题。

"哎哟，这字写得，我真不知道怎么形容才好，吴先生，这是您从哪里弄来的墨宝呢？是市里哪位书法家的真迹啊？"

吴先生一听，顿时笑了起来，说："你真是见笑了，这是我父亲写的，他比较爱好这些，平时没事就舞文弄墨……"

"看来我今天还真是来对了，令尊现在在家吗？"

"这几天他去省城的姐姐家了，估计过几天才会回来。"

"真是可惜了，我还想要是令尊在家的话，我想向他老人家讨要点他的字画呢！"

"哦，原来是这样啊，这个你可以放心，我可以做主，送你几幅。"

"太谢谢您了……"

就这样，吴先生与小林就中国字画的问题聊了起来。聊到尽兴之时，小林突然装作乍醒的样子说："吴先生，您看，我和您一聊到这里，就忘了我今天来原本是要想……不过，您不购买也没关系，我今天可是收获颇丰啊。"

"你说的是老年保健仪器？老爷子身体现在越来越不好了，我也没时间陪他锻炼身体，要不，你回头送一台过来吧。"

"好的，谢谢吴先生啊。"

案例中的客户吴先生为什么会如此爽快？很简单，这得益于销售员小林在提出销售问题上进行了一番语言的铺垫。在小林进门之后，他就对客户家的一些特点进行了一些观察，难道他真的不知道这些字画出自客户父亲？当然知道！他这样问，只不过是让自己的赞美显得更真实可信。于是，针对客户家的这些与众不同的"风景"，小林与客户展开了一番深入的交谈，他很快便获得了客户的好感。此时，小林再提出自己拜访的真正目的，客户的抵触情自然少得多。而在这种情况下的小林依然不忘提及自己"今天拜访收获颇丰"，这就更加加深了客户对自己的良好印象。这时，客户再从自己的角度考虑，就很爽快地表明自己有购买需求。

可见，在沟通中，如果我们懂得从逻辑推理的角度，巧妙运用引导的技巧，就能取得理想的效果。

某酒店里，来了一位尊贵的夫妇。酒店服务员想为客人推荐酒店的特色菜。于是，她这样问这位客人："您要不来点我们这儿的清蒸鲍鱼？"但似乎她的问话效果并不明显。于是，这位经理亲自上去为这位客人点菜，准备推荐酒店的海鲜。她这样问客人："您今天是要一份海鲜还是两份？"客人的回答是两份。就这样，服务员们也掌握了经理的问话方式，于是，酒店的海鲜成了最畅销的菜。

面对酒店经理的这种问话方式，大多数顾客都会择一而答。可见，"误导策略"也是一种很有效的促销手段。同样，误导式的问话方式，在人际交往中也可以为我们所用。比如，有位朋友在你家作客，你不知道他是否要留下来吃饭，想明白地问一声又怕为难朋友，此时不妨问："今天想吃什么？是中菜还是西餐？"

因此，如果你想要达到自己的目的，不要直奔主题，不妨从逻辑的角度，先让对方跟着你的思维走，也就能获得你想要的答案。当然，这不仅需要有一个好的口才，还需要有一个好的态度，耐心地引导、启发对方思考，让其自主接受你的观点！

说话的目的是表达自己的意见，完成交流的任务。要想与别人做到畅通无阻的交流，需要的不是唾沫乱飞、毫无重点地乱说一气，而是应该学会富有逻辑地引导，只有层层递进，让别人接受我们的意见和建议，我们才能达到目的。

思维敏捷，语言表达清晰

在生活中，有不少人在公众场合根本说不好话，明明是经过精心准备的，可一到了台上，脱离了发言稿，就说得结结巴巴的，甚至词不达意。如此的现象就是思维的敏捷度不够，或者说思路不够清晰。和写文章不一样，说话不能停下来多作思考，而是必须一句接着一句，如此就要求思维敏捷，前后连贯，不能吞吞吐吐，更不能逻辑混乱。

有人或许会疑问，说话是动嘴，思维是动脑，这两者之间有关系吗？答案当然是肯定的，而且关系还很密切呢！通常那些思维敏捷的人总是"张嘴就来"，反应速度很快，无论是自己被刁难时，还是需要回答问题时，他们都能快速地组织好语言，可谓巧舌如簧。而那些思维不够敏捷的人，说话时经常大脑短路，反应不敏捷，经常比别人慢半拍；见解不深刻，没有创新的思维，经常是人云亦云；思维狭窄，没有新意，言语没有力度。

　　一个人口语表达能力的高低取决于其思维能力的强弱，如果你想提高自己的口语表达能力，那必须先提高自己的思维素质以及能力。比如，我们在说话中存在的，诸如条理不清、语言干瘪、无话可说等现象，这都属于思维不佳的范畴。

　　里根总统就任美国总统后，第一次出访加拿大，时值加拿大正举行反美示威游行。一次，里根总统的演说被反美示威游行的人群打断。只见里根总统面带笑容对陪同的加拿大总理老特鲁多说："这种事情在美国时常发生，我想这些人一定是特意从美国来到贵国的，他们是想我有一种宾至如归的感觉。"本来双眉紧锁的老特鲁多，立即笑了起来。

　　有些场景的变化是出人意料的，作为说话者来说，如果思维不敏捷，应付不好，就会使自己陷入某种困境。这就需要说话者具备敏捷的思维，善于变换角度，灵活地应付和驾驭各种局面以及场景。在上面这个案例中，里根高超的说话艺术体现了其思维的敏捷度，故作曲解、歪解，从而化解了主人的窘迫，同时还体现了自己作为总统的胸襟与气度。

　　在一次记者招待会上，某领导面对个别记者不太友好的提问，思维敏捷的他巧用幽默来回答。如对外国记者关于腐败的问题是这样回答的："我不认为中国政府是最腐败的政府，像某些杂志所排列的次序，从来不是这样。中国的腐败案件当然要多一点，因为中国人多嘛！国民经济生产总值按人口分摊，中国比发达国家大大落后；如果腐败案件也以人口分摊，那么发达国家可就要比中国大大的腐败了。"这一回答，不仅反驳了不友好的提问，同时也因为幽默含蓄，给外国记者留了面子。

那么在说话的场合，需要什么样的思维才能提高思维的敏捷度呢？首先是辩证思维，也就是正反两方面看问题，一分为二地看问题，这样就可以提升你看问题的高度；其次是分析思维，这可以拓宽你看问题的广度，不仅看待问题更加全面，而且言之有物，因为你把问题分析开了，具体了，这样就解决了无话可说的情况；最后是逆向思维，这可以加深你看问题的深度。

总而言之，思维是说话重要的基石，需要不断地、常常地练习，综合运用这几种思维方式来练习说话，假以时日，你就是一位思维敏捷的说话大师。

那如何训练出说话的敏捷思维呢？

1.掌握相当多的知识

思维敏捷来自丰富的知识结构，你所掌握的知识越多，你说话时思维就越活跃、越敏捷，因为大量的知识让你触类旁通，左右逢源，毫无思维短路的感觉。因此需要博览群书，不断地扩大自己的知识面，增加自己的知识量，说话之前做好充分的准备，熟悉你所需要表达的内容。

2.尽量多说

在各种场合都需要尽量地多说话，而且是主动地说话，在公司会议上踊跃发言，看完了电影或者小说，可以向朋友复述电影、小说的情节内容，哪怕你给家里的老人读读报纸也可以。这样你的思维就会逐渐敏捷，口齿也会越来越伶俐。

语言就好像思维的外壳，思维则是语言的基础。说话，既需要讲究方法，又需要训练思维，如此才能真正做到内外兼修，也才能突破说话的"瓶颈"，让我们的说话水平依托着敏捷的思维而渐入佳境。

🎤 有主有次，说话要有条理

说话要注意言之有序，也就是说话内容有主次之分，换句话说就是有条理。说话需要有一个总的目标，说话是否达到了预期的目标，就需要看它是否被听众所理解、所接受。也只有听众理解了、接受了，才能证明你说的话是成功的。反之，如果你的话语不分主次，没有目的性，听众一头雾水，似懂非懂，这就意味着说话失败了。

说话的这个特性决定了说话者必须站在听众的角度上，按照听众的理解能力和接受能力联系实际、深入浅出，让你的说话内容展现一个清晰的目标以及重点。即便有时你需要含蓄隐晦地表达，也必须有条理，不能含糊不清，指令不明，这会让听众难以理解。

言之有序与一个人的思维能力有重要关系，思维是否清晰，决定着说话是否有主次。比如，当我们在叙述一件事情的时候，需要抓住这件事情的重心，有顺序地进行叙述，语言要清晰、明白。千万不能东一句、西一句，让人听了不知道你到底在说什么。总而言之，说话有主次重点，才能突出中心，彰显语言的逻辑性，否则说话就如同一盘散沙，不仅听众不知道你说的是什么，就连自己也是如坠云里，摸不清东南西北。

明朝初年刑部主事茹太素上言奏事，"陈时务累万言"，皇帝朱元璋听着这篇万字长文，到了六千多字时居然还没有切入正题，龙颜大怒，说茹"虚词失实、巧文乱真，朕甚厌之。自今有以繁文出入朝廷者，罪之！"

于是便命人将茹太素拉上殿来，痛打了一顿板子。打完板子之后，皇帝夜里又命人继续念这篇奏章，直到一万六千多字时，才知道这篇奏章到底要上奏一些什么事情，而且这上奏的五件事中，茹太素的意见有四条可行。于是朱元璋把这些可行的事情交代下去，并对茹及其他臣子说，"许陈实事，不许繁文"，此奏章中只有五百来字是言之有物，以后写公文都应该吸取这个教训，并由此发布新的要求，"革新文风"，违者要治罪。

茹太素上言奏事，为何还被痛打了一顿板子？就是因为他的奏章表意模糊不清，没有主次之分，直到了一万六千多字，才知道这篇奏章到底上奏的是什么事情。想想帝王的时间有多宝贵，如果当庭表奏却是缺乏逻辑，没有条理、十分啰嗦，那你得到的结局也就跟茹太素一样了。

所以，要想说话有条理、言之有序，那就应该注意以下了个问题：

1.注重语境

说话，一定要切合语境，就是指你要根据你说话的客观现场环境，包括时间、地点、目的以及说话的内容等来开始发表你的讲话，这样才能更准确地表达自己的想法。有的人不管语境，而是只顾着自己说，结果他在台上面说了大半天，台下面的听众还是不知道他所表达的意思到底是什么。因此，说话的内容一定要与你讲话的时间、地点与场合相对应，否则就有可能让下面的人摸不着头脑。

2.突出重心

说话时，就应该明确自己说话的目的。坚持话由旨遣的原则，明确你说话的目的，是说话取得成功的首先条件。只有明确了目的，才知道应准备什么话题和资料，采取哪种语体风格，运用哪些技巧，从而能够有的放矢，临场应变。如果目的不明，不顾场合地信口开河、东拉西扯，对方就会不知所云，无所适从。

3.多想才能言之有序

想是让思维条理化的必由之路，在实际生活中，许多说话者并不是不会说，而在于不会想，想不明白自然也就说不清楚。在说话中，如果你需要说一件事或介绍一个人，那你就要认真地想想事情发生的时间、地点以及过程，或者想想人物的外貌、特征，等等。有了条理化的思维，你才会让自己言之有序。

说话首先要目的明确，有了清晰的目的，你才会为了达到预想的目的而调整自己的说话内容。其次要弄清楚哪些是重点哪些是次要，只是在那里东拉西扯，那就会让你的表达不明确、不清晰，也会让听众摸不着头脑。

语言要有概括性，让对方更易把握重点

在说话时，语言表达需要有层次性，这样才容易被听众把握。我们在交流思想、介绍情况、陈述观点、发表意见时，为了使听众可以快速了解自己的说话意图，领会要领，往往需要有层次的语言表达方式。说话有层次，也就是有道理，语言有概括性，这样的说话方式所产生的是一目了然的效果，听众也更容易把握其中的内容。

在"皖南事变"发生后，1941年1月22日，毛泽东同志发表讲话说："至于重庆军委会发言人所说的那一篇，只好拿'自相矛盾'四个字批评它。既在重庆军委会的通令中说新四军'叛变'，又在发言人的谈话中说新四军的目的在于开到京、沪、杭三角地区创立根据地。就照他这样说吧，难道开到京、

沪、杭三角地区算是'叛变'吗？愚蠢的重庆发言人没有想一想，究竟到那里去叛变谁呢？那里不是日本占领的地方吗？你们为什么不让它到那里去，要在皖南就消灭它呢？啊，是了，替日本帝国主义尽忠的人原来应该如此。"

在这段驳斥的言语中，首先，毛泽东同志直接指出"重庆发言人所说的话简直是自相矛盾"；其次，开始一一分析其矛盾的地方在哪里，以互相矛盾的话推论出此举不过是为了尽忠日本帝国主义。整段话因表达层次分明，极大地增强了辩驳的威力。

说话有层次感，也就是将你说的内容按主次顺序、逻辑顺序清楚地展现在听众面前。有的人说话不分轻重，他们先挑不重要的说，说了半天才开始转入正题，这会让听众产生错觉，误把前面洋洋洒洒说了大半天的内容当作是主要的，而将后面的当作次要的，这样一来，就颠倒了说话者本来的目的。

如何让自己的语言表达更有层次感呢？

1.说话需要按主次顺序而来

通常人们说话都是先说重要的，再说次要的，这样说话，听众听了就会很清楚所传递的信息到底是什么，千万不能颠倒顺序，这会让你的说话如同一盘散沙，听众也分不清楚哪些是重要的，哪些是次要的。

2.逻辑分明，多用连接词

当我们在说到一个问题的时候，需要多用一些连接词，比如"首先要树立远大而崇高的理想，其次要制定明确而实际的目标"，明确先说什么，后说什么，体现较强的逻辑性，使整个语言表达层次鲜明。

在说话中，我们要提纲挈领地把问题的本质特征表露出来，达到"片言以居要、一目能传神"的效果。此外，在语言表达过程中，要善于将所表达的东西划分开，哪些是重要的，哪些是次要的，哪些是先说的，哪些是需要留到后面去说的，这些问题都需要认真考虑，以此才能让自己的语言表达更有层次感。

话不在多，但一定要有逻辑和针对性

在生活中，不少人做事做得十分漂亮，然而，让他们把自己的想法说一说，却总是说不清楚，或是词不达意，或是泛泛而谈。他一个人说得滔滔不绝、口若悬河，但是，对方却面面相觑、不知所云，这就是说话没有逻辑性和针对性。在日常交际中，我们说话要一针见血、言简意赅，这样对方才能明白你到底说的是什么，也才不至于在你话语中找到漏洞。古人语："山不在高，有仙则名；水不在深，有龙则灵。"说话也是如此，话不在多，但一定要有逻辑、有针对性。在现代如此高速的生活节奏下，没有人愿意花太多的时间来听你的长篇大论，

所以，我们在说话的时候，不要绕圈子，不要南辕北辙，而是把话说到点子上，有话则说，长话短说，无话不说，这样才能准确地传达自己的意见，使沟通顺畅地进行。

吴先生是广州某地区有名的房地产大亨，资产逾十亿。有一年他带着自己的团队从广州飞往某大城市，准备投资当地的房地产，到处寻找合作伙伴。

在经过一段时间的筛选后，吴先生约了一大型房地产的负责人进行谈判。当双方坐在了谈判桌前，那位负责人立即通过对自己公司较为详细的介绍，表现得精明能干。并且通晓市场行情，这令吴先生颇为欣赏。听了那位负责人对合资企业的宏伟计划后，吴先生似乎已经看到了合资企业的光辉前景。吴先生正准备签约的时候，那位负责人似乎还言犹未尽，他又颇为自豪地侃侃而谈："我们房地产公司拥有一千多名职工，去年共创利税五百多万元，实力绝对算是雄厚的……"

听到这里，吴先生显得有点不悦，心想：你公司一千多人才赚了几百万，就显得那么自豪和满意。这令吴先生感到非常失望，离自己预定的利润目标差距太大了。如果选择这样的负责人经营公司的话，就很难有较高的经济效益和利益。于是，吴先生当即决定终止合作谈判。

其实，如果那位负责人不说最后那句沾沾自喜的话，这次谈判也许就会以另一种结局告终。那位负责人最后几句不着边际、缺乏逻辑性、画蛇添足的话，不仅会让自身的缺点暴露无遗，而且令吴先生失去了合作的信心，最终撤回投资意向，仅因为几句话就失掉了一次大好的合作机会，实在是得不偿失。

在日常生活中，我们经常可以看到，有的人总是喋喋不休、滔滔不绝地高谈阔论，但由于其语言缺乏逻辑性和针对性，没有把话说到点子上，所以显得词不达意、语无伦次，让旁边的人听而生厌；还有的人说话毫无逻辑，一会说在这里，一会说到了那里，说什么话都不会经过仔细思考，显得很没分寸。其实，这样的说话难免事倍功半，不仅达不到沟通的目的，反而会给沟通带来阻碍。

那么，如何使自己的语言具有逻辑性和针对性呢？

1.说话要在理

一句话听上去是否有理，就能看出这句话是否有逻辑性，一般而言，那些有逻辑性的话语大多能清楚地表达一定的意见。因此，说话要有理，利用语言准确、清楚地表达自己的思想，这样，我们思维的逻辑性也将得到提高。

2.说话要有中心点

在生活中，我们经常听到一些领导人在说话的时候，一般会采用"一""二""三"，其实，这样分点叙述只是说话逻辑性的一个表象，并不能完全代表这个人说话有逻辑性。说话有逻辑，集中体现在你说话有一个中心，而你所说的其他话都是围绕这个中心的，没有其他的枝叶。所以，说话之前应该把自己要说什么，先说什么，后说什么，重点说什么，都要在脑子里快速地整理好，这样，时间长了，你说话就会观点清晰，富有逻辑性。

3.把话说到点子上

说话有针对性，也就是要将话说到点子上。在语言交际中，想要建立良好的交际关系，打动对方，话不在说得多，而在说到点子上。因此，我们在开口之前，应该让自己的舌头在嘴里转个几圈，把那些废话转掉，说一些简单明了的话。做到一开口就往点子上说，千万不要东拉西扯，让对方不知所云。

第八章

点到为止：出言有尺，戏谑有度

话不说满，可以有回旋的余地

在生活中，我们既是生在社会，也是长在社会，我们是具备一定的社会性的。说到底，人生就是一个与他人周旋的过程，假如我们说话不到位，或者说得太绝对了，自己就会处于被动局面。很多时候，生活中的尴尬与难堪往往是因为话说得太绝而造成的。对我们而言，凡事多一些考虑，留有余地，总能给自己留条后路。这样的一条准则在外交辞令中是很常见的，我们若是仔细观察，就会发现每位外交部发言人从来都不会说绝对的话，他们通常会说"可能，也许"，要么就是含糊其词，以防一旦发生变故，可以有回旋的余地。

生活中，凡事总会有意外，说话留点余地就是为了容纳那些"意外"。杯子留有空间，就不会因为加进其他的液体而溢出来；气球留有空间，便不会爆炸；一个人说话为他人和自己留点口德，便不会因意外的出现而下不了台，从而可以进退自如。中国有句古话："说话留一线，今后好见面。"把话说得太绝对，太较真，我们便失去了回旋的余地，没有了回旋的余地，自己的思维便会被束缚，从而一事无成。换而言之，说话留点口德，那是为了自己能更好地发挥。

有一位年轻人与同事之间有了点摩擦，闹得很不愉快，他便对同事说："从今天起，我们断绝所有关系，彼此毫无瓜葛。"没想到，这话说完不到两个月，这位同事就成为了他的上司，年轻人因说话太绝很尴尬，只好辞职，另谋他就。

林肯在年轻时不仅喜欢评论是非，而且还经常写诗讽刺别人。其中，林肯在伊利诺伊州当见习律师的时候，仍然喜欢在报上抨击反对者。1842年，他再一次写文章讽刺了一位自视甚高的政客詹姆士·席尔斯，林肯在《春田H报》上发表了一封引起全镇哄然的匿名信嘲弄席尔斯，被人们引为笑料。自负而敏感的席尔斯当然愤怒不已，他努力找出了写信的人，之后便派人跟踪林肯，并下战书要求决斗。林肯虽然能写诗作文，却不善打斗。无奈，迫于情势和为了维护尊严，林肯只得接受挑战。到了约定的那天，林肯和席尔斯在密西西比河岸见面，准备一决生死，幸好这时有人挺身而出，阻止了他们的决斗。

通过了这件事，林肯吸取了教训，此后，他说话小心谨慎，懂得为对方留有余地。这个人生中的小插曲可以说为他后来成为永垂青史的伟大总统奠定了基础。

在说话时，即便是我们绝对有把握的事情，也不要把话说得太绝对，因为绝对的东西容易引起他人的挑刺。而现实情况是，假如对方真的有意挑刺，那还真的能从里面挑出毛病来。因此，与其给别人一个挑刺的借口，还不如自己把话说得委婉一点。因为假如我们不把话说得绝对，我们还可以在更为广阔的空间与对方周旋。

　　服务员小王发现客人张先生结账之后仍然住在房间，而这位张先生又是经理的亲戚，怎么办呢？如果直接去问张先生什么时候离开，这样显得很不礼貌。但如果不问，又怕张先生赖账。于是，善于说话的小王敲开了张先生的房间："您好！您是张先生吗？"

　　张先生回答说："是啊！您是？"小王面带微笑回答说："我是服务员小王，您来了几天了，我们还没有来得及去看您，真是不好意思，听说您前几天身体不舒服，现在好点了吗？"张先生回答说："谢谢您的关心，好多了。"小王试探性地问道："听说您昨天已经结账，今天没走成，这几天天气不好，是不是飞机取消了？您看我们能为您做点什么。"张先生面带歉意："非常感谢！昨晚结账是因为我的表哥今天要返回，我不想账积得太多，先结一次也好。医生说，我的病还需要观察一段时间。"小王松了一口气："张先生，您不要客气，有什么事情尽管吩咐我们好了。"张先生回答说："谢谢！有事我一定找你们。"

　　在这个案例中，小王去找张先生谈话，目的是弄明白他到底是走还是不走。如果不走，就能明白其中的原因，但这个问题不好开口，搞不好还会得罪张先生，甚至得罪经理。但小王说话非常圆滑，先是寒暄几句，然后问张先生需要什么样的帮助，表现出很关心的样子，使张先生很感动，不自觉说出了原因。如此一来，小王回旋的余地就很大，她可以当作什么事情都没有，然后巧妙告别。

1.话不能太绝对

对于绝对的东西，人们心理总会有一种排斥感，比如，当我们较真地说："事实完全就是这个样子。"这时别人会反驳："难道一点也不差？"假如连我们自己都还没有彻底弄清楚的时候，或者仅仅是代表个人看法，那更不要用那些绝对的字眼，这样会因为我们的绝对化而引起别人的怀疑，甚至引起他人的反感。

2.不能把话说过了头

任何人和事物都有存在的道理，说话时若是违背了常理，那就会给别人留下把柄。因此，在说话时不要把话说过了头，不能太较真，否则会引起对方的不快，在这样的情绪下，他势必会找理由反驳你。

当我们在说话的时候，要提醒自己给他人或自己留有余地，使自己可进可退。就好像在战场上一样，进可攻，退可守，这样有了牢固的后方，就可以出击对方，还能够及时地退回，使自己居于主动的位置。

 不了解对方的时候，就不要轻易地跟对方开玩笑

有的人喜欢开玩笑，以此来活跃气氛，消除双方之间的陌生感，这确实是一个与人建立融洽关系的有效方式。但是，也有不少人在初次见面时就向对方开玩笑，试图消除刚见面的陌生感，有时候却起了相反的效果。其实，玩笑是不能随便乱开的，尤其是面对自己不了解的人，更不能随便向对方开玩笑。因为你稍有不慎，把握不当，不仅不能缓和气氛，还会适得其反，给双方关系都造成难以弥补的裂痕，这也会直接导致我们人际关系的破裂。因此，你在不了解对方的时候，就不要轻易地向对方开玩笑。

我们不可否认玩笑有它的作用性，如果你能够把握得当，它在很多时候都能够起到活跃气氛，缓和初次见面的紧张感和生疏感。但这样的适度玩笑也是建立在合适的时间、合适的地点、合适的环境以及合适的对象身上，它才会产生出这么大的作用。相反，如果你向一个不了解的人随意地开玩笑，就免不了会产生误解，或者伤害到对方，甚至有时候会给自己带来杀身之祸。

刘备进入蜀地之后，曾经与益州的刘璋在富乐山相会，当时正好碰到了刘璋的部下张裕。刘备见张裕面脸胡须，就开玩笑说："我老家涿县，姓毛的人特别多，县城周围都住满了毛姓人家，县令感到奇怪，就说'诸毛为何皆绕涿而居呢？'"在这里，刘备巧将"涿"借此为"啄"，意在取笑张裕那张被一脸黑毛遮住的嘴巴。

不料张裕回敬道："从前有个人先是任上党郡潞县县长，

后来又迁至涿县做县令。有人正好在他上任前回老家探亲时给他写信，于是便在称呼上犯了难，一时不知称他为'潞长'，还是'涿令'，最后只好称他为'潞涿君'。"在这里，张裕也巧妙借此取笑刘备脸上无毛，立即引得满座哄堂大笑。当时，他们两人不过是开玩笑，张裕并不在意这件事，但刘备却因自己落了下风而一直耿耿于怀。

后来张裕投到刘备麾下，刘备竟找了个借口，要杀张裕。诸葛亮请刘备宣布张裕罪状，刘备说不出什么理由来，竟称："芳兰当门而生，不得不锄去也。"

由于张裕对刘备一点都不了解，就对其玩笑进行回敬。哪晓得刘备心眼小，一直因自己落了下风而耿耿于怀，于是张裕就这样因为一句玩笑话而掉了脑袋。

当我们与陌生人交谈的时候，为了消除双方之间的陌生感，适当地开玩笑是可以的。但是，在这种不了解对方的情况下，开玩笑更需要慎重，既要选择合适的场合、合适的环境，还需要考虑到对方的性格特征、对方当时的情绪，除此之外，我们还需要把握好玩笑的内容，确保是内容健康，情调高雅的。当你把这些所有的因素都考虑进去了，向对方开适度的玩笑，这可以为你的印象加分不少。

1.合适的场合

你向对方开玩笑也是需要选择合适的场合，不能随便在一个场合就开玩笑。比如，在一些庄重的集会或重大的场合就不适宜向对方开玩笑，还有一些有着浓厚悲伤氛围的场合，也不应该向对方开玩笑。这样的场合情况下，如果你向对方随意开玩笑，只会增添对方的不悦情绪，进而对你没有任何好感。因此，开玩笑需要选择合适的场合，必须在双方都处于一个心情愉悦的情况下，你的玩笑才能够发挥出它的作用。

2.对方的性格

每个人都有各自不同的性格，有的人活泼开朗，有的人爽快豁达，有的人比较内向，有的人则比较敏感。我们在面对不同性格的人，开玩笑要因人而异。如果是面对个性比较开朗的人，则可以适当地开玩笑，活跃气氛；如果是面对比较敏感的人，则不宜开玩笑，有可能会伤害到对方。另外，对女性来说，开玩笑要适度；而对于老人来说，开玩笑则需要注意到给予对方尊重。总之，你开玩笑是需要在不伤害对方自尊心的前提之上，开玩笑的目的是营造出轻松愉快的谈话氛围。

3.对方的情绪

你在向对方开玩笑的时候，还需要考虑到对方的情绪。如果对方正处于情绪低落，或者正处于极度悲伤的时候，那么这时候就不应该向他开玩笑，否则别人会以为你是在幸灾乐祸。开玩笑应在双方心情都保持愉悦的情况下，或者双方之间出现了点小矛盾，你可以通过开玩笑使对方心情有所好转。

4.内容健康、情调高雅

当你在开玩笑的时候，还需要选择健康、情调高雅的内容来开玩笑。尤其你在面对对方的时候，切忌拿对方的缺陷来开玩笑，把自己的快乐建立在别人的痛苦之上。还要避免开庸俗无聊，极其低级趣味的玩笑，开玩笑的内容应是健康、情调高雅的，能够启迪人、教育人，使你们在欢笑之余，还能够让对方从中学到更多的东西。

一般而言，玩笑是人际交往中的润滑剂，能够缩短交往双方的心理距离，能够活跃气氛，能够化解尴尬的窘境。如果你能够在交际中恰当地运用这一技巧，就会使你成为交际中的高手。但是，你一定要记住：开玩笑也是需要合适的场合、合适的环境，面对合适的对象，这样才能使玩笑发挥出更大的作用，进而建立融洽的人际关系。

 ## 点到为止，有些话不必说得过于直白

很多学过敲鼓的人都知道，每一下都敲到点子上，才算一个合格的鼓手。其实，说话也如同敲鼓一样，必须找准点子，才能事半功倍。否则，即使说得再多，也没有效果，只是白费力气而已。鼓手还知道，响鼓不用重锤。只要轻轻地敲打鼓皮，就能发出美妙的鼓声。如果敲打得太重，也许就会损伤鼓皮，把一口鼓彻底报废了。由此可见，要想成为优秀的鼓手，敲鼓的力度也必须把握好。同样，说话也是要讲究力度的。一且伤害了对方的自尊和颜面，导致对方破罐子破摔，那么再说什么也都是无用的。总而言之，在语言交流的过程中，我们对于聪明人大可以点到为止，这样就不会因为说得过于直白，导致关系恶化，彼此都陷入尴尬。

现代社会，生活的节奏越来越快，工作的压力越来越大，很多人都牢骚满腹，遇到一点事情就不停地抱怨。其实，抱怨是没有任何意义的，因为并不会对生活起到什么实质性的作用，反而会影响人们的心情，使很多事情都朝着更糟糕的方向发展。如果我们能够把喋喋不休的抱怨改变一种方式说出来，诸如请求、求助、赞美等，都能够起到预想不到的效果。

最近这段时间，乔丽发现老公对她越来越无视了。前段时间，老公很晚下班之后，还会抽出时间和她简单沟通几句，但是现在，老公虽然每天下班都很早，却在吃饱喝足之后，不是看电视，就是上网与朋友聊天，再不就是和几个朋友相约打网络游戏，总而言之，没有任何时间是给乔丽的。

还有几天就是乔丽妈妈60岁的生日，家人一致同意要给妈妈好好做寿。然而，乔丽一直等了好几天，都没找到机会和老公就这个问题详谈。今天是周六，老公早早起床去和朋友打篮球，直到中午才气喘吁吁、浑身大汗地回来。狼吞虎咽地吃了乔丽精心准备的饭菜之后，他冲了个澡就一觉睡到傍晚。起床之后，他一边吃水果，一边打开电视。这时，乔丽问他："你一会儿准备干什么？"老公毫不迟疑地说："看电视。"乔丽又问："看完电视呢？"老公回答："今晚有几个同事约了一起去酒吧喝酒，不过我会早点儿回来的。"乔丽继续问："如果你十二点钟能回来，还准备做什么？"老公想了想，说："睡觉啊，半夜三更还能干什么？"乔丽毫不气恼地问："如果我等你到十二点，你回来之后能给我半个小时时间吗？我想和你商量一下给妈妈过大寿的事情，再有五天就到了。"老公这才恍然大悟，愧疚地说："哎呀宝贝，对不起，这段时间我太贪玩，忽视和冷落你了。我马上推掉晚上的酒吧之约，咱们好好商量下怎么给妈妈过大寿吧！"看到老公悔改的态度良好，乔丽高兴地笑了。

在这个事例中，如果乔丽从一开始就抱怨和指责丈夫，那么也许事情的结果会完全不同。没有任何男人愿意挨媳妇数落，男人都是非常爱面子也讲究自尊的。在这种情况下，乔丽的处理方法给了老公很大的面子，使老公感到自己受到了尊重，因而他才能马上反省自己，及时改正。

点到为止，在人与人的交往中是一种艺术。如果我们能够掌握这种交往和交流的艺术，在与他人相处的过程中，就会少一些矛盾和争吵，多一些宽容与和谐。会说话的人不管多么着急，都不忘给他人留面子，而且他们总是见好就收，尽量给他人留下更多的余地。这样的人际关系，自然是非常和谐融洽的，也是容易得到人们的欢迎的。否则，一旦斩钉截铁地把对方逼入死角，使其没有任何回旋的余地，就会导致他们破罐子破摔，再想挽回就很困难了。

谨言慎行，防止别人出现不快的情绪

中国有句古话叫作"说者无心，听者有意"，你明明只是无心地说了一句话，却"有意"地伤害到了别人。轻则引起对方的反感，重则给自己引来灾祸。可见，说话是要注意分寸的。尤其是与陌生人说话，因为彼此不了解，如果不谨言慎行，很容易让对方产生不快的情绪。而从另一个角度说，与人说话，尤其是与陌生人说话，是要讲究水平的。让对方觉得你是得体的人，才会让对方从心底产生继续与你交往的意愿。《史记》记载了这样一个故事：

平原君赵胜的邻居是个瘸子。一天，赵胜的小妾，在临街的楼上，见到瘸子一瘸一拐地在井台上打水，大声讥笑了一番。这位身残志坚的仁兄心生不忿，于是找到赵胜反映这一情况，要求赵胜杀了这个小妾。见赵胜犹豫，此兄劝说道："大家都认为平原君尊重士子而鄙贱女色，所以，士子们都不远千里来投奔您。我不过是有些残疾，却无端遭到你的小妾的讽刺、讥笑。所谓士可杀而不可辱，请你为我做主。否则旁人会认为您爱色而贱士，从而离开您。"赵胜这才恍然醒悟，终于毅然斩了这个说话没有分寸的小妾，登瘸门道歉。

故事里的小妾就是因为说话没有分寸才引来灾祸，历史上因一言不慎引来杀身之祸的人多不胜举，可见注意说话的分寸是件多么重要的事情。当然，我们与人交际，不注意说话的分

寸不至于有如此严重的结果，但我们要想赢得陌生人的好感，成功操纵陌生人的心理，必须过好这一关。

通过上面的故事，我们可以得知，如果你想在社交场合中成为一个受欢迎的人，就必须时刻提醒自己不要犯无心伤人的错误。而要做到这一点，你应该知道以下两点：

1.谈话的禁忌

我们要想在陌生人心里建立起良好的口碑，赢得好人缘，就必须知道下面几个谈话的禁忌，从而在谈话中避开这些暗礁：

（1）别把自己隐私拿出来大谈特谈。虽然说在与人交往时，适当的自我暴露可以拉近与对方的距离，但你的话题一直围绕着自己的隐私，就会引起对方反感，觉得你是一个没有分寸的人。

（2）不要询问别人的隐私。要记住："男不问收入，女不问年龄。"这是交往过程中的大忌讳。如果你在和陌生人谈话时问起这些，那么，你需要从现在起改正自己，因为问这些问题是无知和没分寸的表现。

（3）别总盯着别人的健康状况。有严重疾病的人，如癌症、肝炎等，通常不希望自己成为谈话的焦点对象。不要做个大嘴巴，对初次见面的人说："听别人说，您一直在治疗肝病，是吗？"这样你会成为对方最想痛揍的人。

（4）让争议性的话题消失。除非你很清楚对方立场，否则应避免谈到具有争论性的敏感话题，如宗教、政治、党派等而引起双方抬杠或对立僵持的情况。

（5）不要随便评价别人。如果你实在忍不住要谈论谣言，去找你最贴心的朋友，不要拉着一个陌生人听你絮叨他完全不感兴趣的东西。没有人愿意与一个造谣生事的人交往。

以上列出的忌讳，完全值得你重视，哪怕只是偶尔犯这样的错误，对方也会以为你是个没有分寸的人。那么，我们又该怎样注意与陌生人说话的分寸呢？

2.掌握说话的分寸

要让说话不失分寸，除了提高自己的文化素养和思想修养外，还必须注意以下几点：

（1）维护别人的自尊心。每个人都是有自尊的。那些有某些显而易见的缺陷的人，自尊心会反而更坚强。所以，说话时，一定要留意对方的敏感点，比如对方身材矮小，你就最好不要在谈话中提起身高的问题等。你避开这个话题，会让对方觉得你是个识大体的人，进而对你多了一份尊重。

（2）客观才能得人心。这里说的客观，就是尊重事实，实事求是地反映客观实际。没有人喜欢与那些首次交往就主观臆测，信口开河的人交往。

（3）不要让自己过于兴奋。与陌生人说话，我们提倡的待人接物方式应以热情温和为佳，态度保持宠辱不惊，切勿太过兴奋，以至于口不择言，伤害他人。

（4）注意语言的地域差异。不同地域存在不同的文化差异，在某些人看来是很平常的说话方式却很可能会影响到对方的情绪。因此，我们尽量与陌生人说话的时候，最好仔细思量，用普通话和对方交流。

（5）善意很重要。所谓善意，也就是与人为善。说话的目的，就是要让对方了解自己的思想和感情。俗话说：好话一句三冬暖，恶语伤人六月寒。在人际交往中，如果把握好这个分寸，那么，你也就掌握了礼貌说话的真谛。

会说话，说好话，也是一门艺术。与陌生人说话，我们说的每一句话，都会给对方带来心理反应，反应效果如何就要靠自己把握。掌握好语言的分寸，你和对方的交往氛围将会保持和谐愉快，有助于感情的升温。

 ## 找到最佳的说话方式，达到事半功倍的效果

同样的一句话，让不同的人去说，往往会产生不同的结果。这是因为每个人说话的心态和表达的方式都是不同的。要想让说话起到事半功倍的效果，我们首先应该找到最佳的说话方式。从本质上来说，人与人的交往其实全凭印象。如果我们能够以最恰当的表达方式给他人留下好印象，那么很多难题都会迎刃而解。相反，如果我们总是不能恰到好处地表达自己，而且给别人带来困扰，那么别人一定会因此而抱怨我们，甚至

对我们印象恶劣。可想而知，如此之后，我们必然无法与他人愉快地交往。

　　曾经，很多人都觉得只要埋头苦干，就能战胜困难，就能在职场上出人头地；只要待人真心诚意，就能与他人交好，赢得他人的真心。随着时代的发展，人们对于情商的要求越来越高，对于能够把事干得漂亮，能够在工作之余一举两得地搞好人际关系，也都提出了更加严苛的要求。在这种情况下，我们必须学会说话，掌握最佳的说话方式，让说话成为帮助我们成功的辅助力量。很多事情都可以靠着说话解决，例如诸葛亮舌战群儒，谈笑间樯橹灰飞烟灭，岂不都是语言在发挥强大的作用吗？一句话，由不同的人说出来往往产生不同的效果。一句话，即使由同一个人说出来，也会因为方式的不同，而导致效果大相径庭。当然，至于哪种说话方式最好，实际上是没有明确规定的。我们应该根据交谈对象的不同，当时情境的不同以及表达目的的不同等等，选择最适合的说话方式。未必得分最高的说话方式就是最好的，只有适合各方面情况的，才是最佳的选择。

　　很久以前，村里有两个中年男性都是基督徒，而且都很喜欢抽烟。每次做礼拜的漫长时间里，他们都备受折磨，因为一旦烟瘾犯了，他们就觉得心里似乎有蚂蚁在啃噬，而又不能随意起身离开，走出教堂去抽烟。为此，一个人去问神父："神父，做礼拜的时间太长了，我常常犯烟瘾，我可以离开去抽烟吗？"神父难以置信地看着他，说："神的孩子，做礼拜时一定要专心致志，神才能听到你的祈祷。"另一个人也去问神父："神父，我一心想要与神靠拢，聆听神的教诲。我每时每刻都想得到神的福祉，但是我烟瘾很大，总是在抽烟。我想问问您，我抽烟的时候能做礼拜吗？"神父不假思索地说："神的孩子，你很虔诚，神不会责怪你的。只要你诚心诚意，你随时都可以做礼拜。神会保佑你的。"

　　同样一个问题，因为说话方式不同，两个瘾君子得到了神父截然不同的回答。一个被神父责备做礼拜的时候要专心，一个则被神父称赞对神虔诚。这就是说话方式对效果的决定性作用。即使是相同的事情，我们也完全可以采取不同的方式表达，而不同的方式往往决定了其效果也是不同的。在说话之前，我们应该认真拷问自己的心：我想要得到怎样的结果？根据我们想要的结果，再综合听话者不同的脾气秉性，我们最终找到最佳的表达方式。通常情况下，最佳的表达方式有一些共同的特征：首先，要尊重他人，即使对方固执己见，我们的劝说也应该灵活，千万不可一味地批评和指责对方，否则就会导致事与愿违；其次，说服他人的方式有很多种，我们可以以借力的方式劝说他人，例如权威效应，从众心理等；最后，如果你看过孙子兵法，你就知道打仗布兵是有很多方式的，因而，你也可以采取很多策略，例如欲擒故纵等。只要运用得当，这些方式都会起到很好的效果，甚至能够带给你惊喜。

有个老人因为心脏病复发，不得不辞掉工作，在家静养。为了让身体尽快恢复健康，他特地去山清水秀的郊外买了一套公寓，只想让新鲜的空气尽快帮助他康复。然而，刚刚住了没几天，老人就不堪其扰。原来，这个小区里有一群年纪相仿的孩子，每天多会在楼下嬉笑打闹，吵得老人根本无法好好休息。为此，老人思来想去：如果我直接喝令孩子们离开，孩子们一定会变本加厉。我应该找一个巧妙的方法，让他们心甘情愿地离开。

一天中午，老人带着很多酒心巧克力来到楼下，分给孩子们，并且说："孩子们，我是一个独居的老人，每天都寂寞难耐。幸好有你们给我送来欢声笑语，让我不感到寂寞。"孩子们得到巧克力之后欣喜若狂，因而更加卖力地玩耍，放肆地笑闹。接连一个星期，老人每到中午都会送很多糖果、零食等下来给孩子们分食，这似乎已经成为一种习惯。然而，到了一个星期之后，老人突然对孩子们说："孩子们，我最近经济危机，没有钱给你们买糖果了。你们还愿意陪伴我吗？"孩子们突然间面色阴暗，等到老人离开后，几个孩子在一起合计道："哼，居然连那点儿报酬都没有了，我们为什么大热天的要在这里卖力玩耍，只为了陪伴一个吝啬的人呢？"说完，孩子们全都结伴而行，离开老人的楼下，去找别的地方玩了。

老人简直太聪明了。他知道如果直接请求孩子们去其他地方玩耍，一定会导致孩子们变本加厉。因而，他改变方式，先是奖励孩子们，继而又终止给孩子们的奖励，导致孩子们愤而离开。由此可见，只有找到最恰当的表达方式，我们才能如愿以偿，得偿所愿。

第九章

谈出趣味：用幽默当佐料，话语生香

"偷换概念"，产生喜剧色彩

偷换概念是歪解的一种方法。所谓偷换概念，是指将对方说的话的原意，以另外一种概念来解释。从概念上来讲，偷换概念犯的是一种逻辑谬误。犯下这种谬误者会把对方的言论重新塑造成一个容易推翻的立场，然后再对这立场加以攻击。偷换概念可以是修辞学的技巧，也可以用来对人们作出游说，但事实上，这只是误导人的谬误，因为对方真正的论据并没有被推翻。

"偷换概念"之所以能造成幽默效果，是因为幽默的思维主要不是实用型的、理智型的，而是情感型的。因此，对于一般性思维来说是破坏性的东西，对于幽默来说则可能是建设性的。

请看下面这样一段家教老师和孩子的对话：

老师："今天我们来温习昨天教的减法。比如说，如果你哥哥有五个苹果，你从他那儿拿走三个，结果怎样？"

孩子："结果嘛，结果他肯定会揍我一顿。"

从数学的角度来看，孩子的这种回答是错误的，因为老师问的"结果怎样"很明显是"苹果还剩下多少"的意思，属于数量关系的范畴，可是孩子却把它转移到未经哥哥允许拿走了他的苹果的生活逻辑关系上去。不过，恰恰是因为偷换了概念才使这段对话产生了一种幽默的效果。

可见，偷换概念的幽默往往使人出乎意料，所以取得的效果也会非同凡响。事物发展的结果有多种可能，按照以往的逻辑思维，可以让我们对其产生多种想象与预测。而偷换概念后的结果，与这些想象推测的结果又是完全有分歧的、不一样的，想象的结果与实际的结果之间产生了强烈的反差，这样产生出的幽默效果要强烈得多。

类似的例子在生活中很常见。我们来看这样一个例子：

甲："你说踢足球和打冰球比较，哪个门好守？"

乙："要我说哪个门也没有对方的门好守。"

常理上来说，甲问的"哪个门好守"应该是指在足球和冰球的比赛中，对守门员来说本方的球门哪个更容易守，而乙的回答一下子转移到比赛中本方球门和对方球门的比较上去了。

偷换概念这种技巧就是把概念的内涵暗暗地偷换或者转移，概念偷换得越离谱、越隐蔽，所引起的预期的失落、意外的震惊就越强，概念之间的差距掩盖得越是隐秘，发现越是自然，可接受的程度也就越高。概念被偷换了以后道理上讲得通，显然这种"通"不是"常理"上的通，而是另一种角度上的通，但正是这种新角度的观察，显示了说话者的机智和幽默。一般的情况下，人们在进行理性思维的时候，有一个基本的要求，那就是概念的含义要稳定，双方讨论的应该是同一回事。但在偷换概念中，双方在理解和运用上不同，因此产生的效果不同，从而产生幽默。

又如：

新泽西州的一位议员，是威尔逊的好友。今天他刚刚去世，威尔逊深感震惊和悲痛。几分钟后，他又接到新泽西州的一位政客的电话。

"州长，"那人结结巴巴地说，"我，我希望代替那位议员的位置。""好吧，"威尔逊对那人迫不及待的态度感到恶心，他慢慢吞吞地回答说，"如果殡仪馆同意的话，我本人也是完全同意的"。

威尔逊用的正是歪解的方法，他暗中转换了对方话题中希望得到的"位置"的概念。对方原来觊觎的是议员的席位，而威尔逊故意临时置换为已去世的议员在殡仪馆所躺的"位置"，从而在幽默中表达了对对方的反感和讽刺。

转换一个角度看问题，看似漫不经心，其实乃是有备而来。我们常说，幽默来源于生活，但往往并不就是生活本身，也是说，生活是非常现实的、常规的，它不像幽默那样充满着虚虚实实、夸张离奇的喜剧色彩。比如在正式的工作场合中，人与人之间最恰当的交际方式是尽量简要、明确地进行语言的表达和思想的沟通，这一点非常必要。幽默时则不同，明明要说甲事，却可以从与之看似无关的乙事说起。本来要表达一种意思，但却偷换了概念，表达的是另外一回事，这就是我们经常采用的偷换概念式的幽默技巧。需要指出的是现实生活中人们的偷换概念常常是无意中发生的，而当它成为一门幽默技巧时则是有意设计的，并有相当强的针对性。

冷幽默，以随意的方式让他人捧腹

生活中，我们经常提到"冷幽默"一词。所谓冷幽默，是那种淡淡的、在不经意间自然流露的幽默，是让人发愣、不解、深思、顿悟、大笑的幽默，是让人回味无穷的幽默。之所以称为"冷幽默"，是因为不仅要幽默，还要"冷"。冷幽默带有一点黑色幽默笑话的成分，但又区别于黑色幽默。可以理解为意图不明显的幽默。当事人在讲一个冷幽默笑话的时候，并没有刻意地要达到幽默的效果，是一种很随意的幽默，笑不笑由你。其实我们生活的周围，到处是冷幽默的影子。

我们来看下面几则笑话：

笑话一：

幼儿园里，阿姨问小朋友："谁在家里最听妈妈的话呀？"

小朋友们齐声回答："我爸爸。"

笑话二：

有一家三口住在大山里。一天，女儿想出去玩，女人道："别去，外边有狗熊！"女儿不信，女人便对男人说："你去外面扮下狗熊！"

男人立马套上熊皮跑到树林里，这时来了一只真狗熊，吓得男人跑回屋子里，把门堵上。

女儿看看门外，又看看扮成狗熊的爸爸，小声道："哈哈，原来你是怕老婆呀？"

笑话三：

学校规定老师上课不许接电话。

一天，学生们正上物理课，老师电话响了。

老师纠结地看了半天，问学生："领导电话，接不？"

学生一致回答："必须接！"

然后老师出去大喊一句："老婆干啥啊？我上课呢！"

笑话四：

一个房客对她的房东阿姨抱怨道："今天我一定要告诉您，我忍了好久。"

阿姨问道："怎么啦？"

房客没好气道："您租给我的房间有蟑螂和老鼠。"

阿姨脸色一变说："什么？你，你怎么能在我的房间里养宠物？"

从以上几则笑话中，我们发现，冷幽默笑话后半部分总会出乎人的意料。但是人的好奇心却让听者继续猜。最终导致的结果就是"注意力集中和思维投入"这个思维过程的加长或加深。

由于冷幽默大多无聊，内容奇怪，实用意义不大，所以有的人听得冷幽默越多就越不冷。原因和上面那种出乎听者意料之外的情况相反。当听者，对冷幽默怀有消极态度时，听者在听完前半部分的内容时心理会暗示，这个笑话将会出现一个极其无聊，极其不好笑的后半部分。这时，听者不会对这个话题产生好奇心，同时也不会把注意力集中在这个笑话上面。结果就是"注意力集中和思维投入"这个思维过程的变短或者没有。在这个时候，听者不但不会觉得冷反而会觉得说冷幽默的那个人很无聊，无所事事。

让我们领略一下白岩松在与学生的对话中的冷幽默：

学生："你为什么看来冷冷的，难道你也有危机感？"

白岩松："我喜欢把每一天都当作世界末日来过。"

学生："那你什么时候才会笑？"

白岩松："会不会笑不重要，重要的是懂幽默。"

学生："如果有一天你的缺点多于优点，怎么办？"

白岩松："没有缺点也没有优点的主持人，连评论的机会都没有，有缺点我觉得幸福，它可能是优点的一部分。"

学生："我是学历史的，能当新闻节目的主持人吗？"

白岩松："今天的新闻就是明天的历史。"

这里，在回答学生的各种尖锐的问题上，白岩松使用的就是幽默法。当学生质疑他是否有危机感的时候，他的回答是"喜欢把每一天都当作世界末日来过"，只有细细咀嚼才能品出其中之味。而对于优缺点这一提问，他的回答体现出来了他的自信，的确，每个人都有自己的缺点，为自己的缺点而幸福是一种自信。而对于"今天的新闻就是明天的历史"这句话很有趣，言外之意"条条大路通罗马"，年轻人需要努力。他的回答简短而简单，化解了学生对他的误解，使学生更深入地理解他。

有人说，语言的最高境界是幽默。不管怎么说，在短短的问答中能否运用幽默、运用多少幽默，则是衡量语言高下的重要标准。拥有幽默口才会让人感觉你很风趣，有很高的文化素养和丰富的文化内涵，折射出一个人的美好心灵。因此，即使你是个不善幽默的人，偶尔制造出一点黑色幽默，也会让我们的生活增添几分乐趣。

孩童式的幽默，让沟通氛围更轻松

幽默，是思想、才学和灵感的结晶，能使语言在瞬间闪现出耀眼的火花。它往往以温和宽厚的态度，夸张或倒错的方式，俏皮而含蓄的语言，进行讽刺、揶揄，使人们发出会心的微笑。而现实生活中，很多人一脸严肃，即使是轻松的话题也显得分外凝重。实际上，如果能在经常开玩笑，在谈笑风生中把某种信息传给对方，不是更好吗？因此，不论是内向或外向的人，对生活都可以采取幽默的态度。我们先来看看下面这个笑话：

　　老师："小波，你为什么上课吃苹果？"

　　小波："报告老师，我的香蕉吃完了。"

　　听完学生小波的回答，我们在感叹孩子调皮的同时，也不免为他的童真感动。这里，老师强调的是"上课"，即吃东西的时间，是状语，幽默主体小波强调的是"苹果"，即吃什么东西，是宾语。小波误解了老师话语的重点，所以形成了幽默。看得出来，这种误解是无意的误解。

　　其实，生活中，面对严肃、凝重、尴尬的语言环境，我们不妨也和这个孩子一样逗逗趣。我们把这种制造幽默的方式叫作孩童式的幽默。

　　有一家人决定进城里去居住，于是到处找房子。全家三口，夫妻二人与一个五岁的孩子。他们好不容易找到了一家愿意出租房子的主人，于是敲门，小心问道："我们一家三口有租到您的房子的荣幸吗？"房东看了这一家三口，说："很遗憾，实在对不起，我们不想租给有孩子的住户。"夫妻一听，很失望，带着孩子无奈地离开。那个五岁的小孩，从头到尾都看在眼里，只见他又折回去敲房东的大门，房东开了门，五岁的小孩子精神抖擞地说："老大爷，我租房子，我没有孩子，只有两位大人。"房东听了高声大笑，他们因此租到了房子。

　　小孩子没有心机，没有谋略，但这些话出自一个五岁小孩之口，自然天性，可信可赖，又蕴含了最大的幽默，体现着聪明才智。幽默需要童心。在强大的理性社会里，不仅仅成人的童心被泯灭，就是儿童也有成人化的趋势。幽默呼唤童心常在。

具体来说，孩童式的幽默通常可以用于以下3种语言环境。

1.尴尬时

在交际中，难免发生一些尴尬、不好应付的事情。此时可采用转换的方法，从事物的另一面入手，转换其思维方法，另辟蹊径，从而达到预期的目的。

有一次，英国首相、陆军总司令邱吉尔去一个部队视察。天刚下过雨，他在临时搭起的台子上演讲完毕下台阶的时候，由于路滑不小心摔了一个跟头。士兵们从没有见过自己的总司令摔过跟头，都哈哈大笑起来，陪同的军官惊慌失措，不知如何是好。

邱吉尔微微一笑说："这比刚才的一番演说更能鼓舞士兵的斗志。"效果的确如邱吉尔所戏言的，士兵们对总司令的亲切感、认同感油然而生，必定会更坚定地听从总司令的命令，英勇地去战斗。

这里，丘吉尔运用得体的幽默性谈话，表现出其风度、素质，赢得了士兵们的好感，使他们在忍俊不禁中，借助轻松愉快的气氛，完成任务。

可见，我们与人同笑，不仅能用他人的幽默力量帮助我们消除工作中的紧张，驱除挫折感，而且也能把别人最希望从他的工作中得到的东西给他，那就是更轻松、更坦诚的工作氛围和与人分享的豁朗态度。

2.应对他人的攻击时

此时，采用逗趣式的幽默谈吐，应对周旋，能使彼此沟通、缓和气氛，搞好关系，也显示了自己的风度、力量，对维护自身的形象，收到积极的交际效果。

有一次，赫鲁晓夫访问南斯拉夫，铁托在一些高级官员的伴随下迎接他。一名高级官员突然提出挑衅性的问题，他对赫鲁晓夫说："苏联和斯大林对我们干了许多坏事，所以我们今天很难相信苏联人。"气氛一下子紧张起来。冷场片刻之后，赫鲁晓夫走到说这番话的高级官员身边，拍着他的肩膀对铁托说："铁托同志，如果你想叫谈判失败，就任命这个人担任谈判代表团团长。"赫鲁晓夫的幽默引起一阵笑声。在笑声中，紧张的气氛缓和了。

3.逗趣式幽默还可以帮助我们在日常生活中表示活跃、活泼、亲昵

马克思对燕妮求爱的方式就很别致。

一天，马克思对燕妮说："我已经爱上了一个人，决定向她求婚。"

燕妮吃惊地问："这人是谁？"

马克思没有正面回答，只是递给她一个小方盒，并说打开这个小方盒你就知道了。

燕妮打开方盒一看，里面是一面镜子，照出了她自己清晰

的面容，顿时恍然大悟。

马克思风趣的求爱方式既幽默又深情。

当然，无论在哪种情况下使用孩童式的逗趣，但都应符合公认的美学标准。否则，就会显得庸俗，有损威望。另外，我们若不能领略别人的幽默力量，也就不太可能以自己的幽默力量来激励别人。为了表现我们重视别人给我们带来的好处，为了通过自己来激励别人，我们何不与人同笑，笑尽天下可笑之事呢？

互动式的幽默，在"你来我往"中炒热气氛

生活中，我们常常被那些相声艺术家的幽默表演逗得不亦乐乎，相声之所以有强大的魔力，是因为相声本身就是一种互动式的幽默。在沉闷、紧张的场合，人们如果能互相开玩笑，现场的气氛马上就会被调动起来，而"你来我往"的幽默则会让气氛异常火爆。我们先看看赵本山的小品《昨天、今天、明天》。

宋丹丹："我年轻的时候那绝对不是吹，柳叶弯眉樱桃口，谁见了我都乐意瞅。俺们隔壁那吴老二，瞅我一眼就浑身发抖。"

赵本山："哼，可拉倒吧！吴老二脑血栓，看谁都哆嗦！"

这里，宋丹丹用了一连串的词语夸张地形容自己，并使用"浑身发抖"这一词语，制造了幽默，但实际上，"浑身发抖"既可以是正常人心情激动时的表现形式，也可以是脑血栓患者难以控制的生理活动的表现形式。宋丹丹故意误解，赵本山刻意揭开，在这一来一往中，观众一旦体会到了宋丹丹的"失误"，当然要笑。

从这一小品中，我们也可以得到启示，日常生活中，我们不但要学会制造幽默，还要懂得领悟别人的幽默，并配合他人，让幽默升级，让周围的人都能开怀一笑。

这天中午午休时间，办公室内死气沉沉，活泼的小赵便开始拿邻座的老李消遣："你说先有鸡还是先有蛋？"看着他那得意洋洋的样子，老李正好心情不好，有气正好没处发，便想着非把他气糊涂不可。

"对不起，条件不足，无法回答。"

"什么条件不足？"

"因为你没有说明是鸡与鸡蛋相比较，还是鸡与鸟蛋或者鸭蛋相比较。"

"当然是鸡和鸡蛋啦！"

"条件不足，无法回答。"

"我不是说过是鸡和鸡蛋相比了吗？"

"可是你没有说明是鸡与蛋的概念上的比较还是事物上的比较啊。"

　　这时，办公室内的其他人也都围过来了，他们想看看这场"争夺战"到底谁输谁赢，事实上，此时他们已经因为老李和小赵这场荒谬的问答而笑起来了。

　　"这有什么差别？"

　　"当然有。所谓的鸡是人们对一种两条腿的、类似鸟的，可以从体内排出一种卵石形物体的动物的称呼，而所谓的蛋，是人对这种动物从体内排出来的卵石形的、可食用的、可以延续这种动物种族的那种东西的称呼。当人类语言形成的时候或者说当人们给它们起名字的时候，它们已经同时存在了，所以说概念上的鸡与鸡蛋同时出现。如果要问鸡与鸡蛋这两种事物出现的先后顺序，那又是另一个问题。"

　　……

　　此时，周围的同事们已经笑得前俯后仰了。

　　"你还有完没完！"此时的小赵发现自己已经争辩不过老李了。

　　"当然有，最后一个。"

　　"什么条件？"

　　"因为你没有给出回答的范围。"

　　"这算什么？"

　　"这是最重要的一个条件。如果从进化论的角度来讲，人们所认识的鸡是从某种鸟类进化而来，而那时鸟与鸟蛋已经同时存在了，所以说鸡与鸡蛋同时出现。或者说先有蛋，后有鸡。如果从宗教角度来讲，所有事物都是上帝创造的，其中包括鸡与鸡蛋、鸟与鸟蛋。所以说鸡和鸡蛋同时出现。如果从政治角度来讲，月亮都可以说成是奶酪捏的，那么鸡与鸡蛋出现的先后顺序就取决于个人的权力大小、个人态度以及周边关系等复杂的政治因素。如果从金钱的角度来讲，当数值高到一定程度时，就算承认鸡蛋是我下的也可以。"

……

此刻，同事们居然鼓起了掌声，但不幸的是，部门经理却站在了门口，但这个有趣的午休还印在他们的脑海中。

案例中，为什么人们会因为小赵和老李开的玩笑而发笑，甚至到最后大家都开始鼓起掌来？因为他们开的玩笑带来的幽默效应是此起彼伏的，虽然荒诞不经，但却很有笑点，尤其是老赵反复不断地解释"条件不足，无法回答"，更是让周围的人觉得好笑。

的确，现实生活中，面对繁重、压抑的工作和生活，我们不必太过严肃，和大家开个玩笑，并巧妙应付他人的玩笑，幽默气氛便能被调动起来。

 ## 自嘲，最高段位的幽默

在你身边，什么样的人最受欢迎？你一定会回答：有幽默感的人。因为有了幽默感，他们更善于与其他人沟通，即便表达反对意见也不让人反感；因为有了幽默感，他们总会成为聚会的主角，人人都愿意和他们聊上几句……而最受欢迎的幽默方式是什么？答案一定是自嘲。它是一种生活的艺术，还是一种自我嘲解自我帮助，也是对人生挫折和逆境的一种积极、乐观的态度。自我解嘲并不是像人们所说的逆来顺受、不思进取，而是一种随遇而安的心态，对于那种可望不可即的目标做一下重新调整，设计出符合当下自己的目标，追求新的目标。

幽默一直被人们称为只有聪明人才能驾驭的语言艺术，而自嘲又被称为幽默的最高境界。由此可见，能自嘲的必须是智者中的智者，高手中的高手。自嘲是缺乏自信者不敢使用的技术，因为它要你自己骂自己。也就是要拿自身的失误、不足甚至生理缺陷来"开涮"，对丑处、羞处不予遮掩、躲避，反而把它放大、夸张、剖析，然后巧妙地引申发挥、自圆其说，取得一笑。没有豁达、乐观、超脱、调侃的心态和胸怀，是无法做到的。可想而知，自以为是、斤斤计较、尖酸刻薄的人难以望其项背。自嘲谁也不伤害，最为安全。你可用它来活跃谈话气氛，消除紧张，在尴尬中自找台阶，保住面子。

抗战胜利后，张大千从上海返回四川老家。行前好友设宴为他饯行，并特邀梅兰芳等人作陪。宴会伊始，大家请张大千坐首座。

张说："梅先生是君子，应坐首座，我是小人，应陪末座。"梅兰芳和众人都不解其意。

张大千解释说："不是有句话'君子动口，小人动手'吗？梅先生唱戏是动口，我作画是动手，我理该请梅先生坐首座。"

满堂来宾为之大笑，并请他俩并排坐首座。

张大千自嘲为小人，好似自贬，然而"醉翁之意不在酒"，这既表现了张大千的豁达胸怀，又制造了宽松和谐的交谈氛围。

人们要想做到自我解嘲，就要保持一颗平常的心。但这一点也是最重要的，平常的心，就是不被名利所累，不为世俗所牵绊，不以物喜，不以己悲。这不是很容易就能做到的。只有树立了正确的人生观、价值观，对名利地位、物质待遇等采取超然物外的态度，才能心怀坦荡，乐观豁达，才谈得到自我解嘲，精神上才可以轻松起来，自己才可以获得潇洒和充实。

具体来说，我们在自嘲时，可以针对这些方面：

1.笑笑自己的长相

笑自己的长相，或笑自己做得不很漂亮的事情，会使我们变得较有人性，并给人一种和蔼可亲的感觉。如果你碰巧长得英俊或美丽，试试你的其他缺点。如果你真的没有什么缺点就虚构一个，缺点通常不难找到。一位大学足球队的教练，有人向他问起某位明星球员的情况。这位教练说："他是大四学生，也是很不错的球员。但是有一个缺点，就是他已经大四了。"

一次，陈毅到亲戚家过中秋节，进门就发现一本好书，便专心读起来，边读边用毛笔批注。主人几次催他去吃饭，他都不去，于是主人就把糍粑和糖端来。他边读边吃，竟把糍粑伸见砚台里蘸上墨汁直往嘴里送。亲戚们见了，捧腹大笑。他却说："吃点墨水没关系，我正觉得自己肚子里墨水太少哩！"

人们喜爱陈毅，难道和他的这种豁达、幽默的禀性没有联系吗？

2.笑笑自己的缺点

有时你陷入难堪是由于自身的原因造成的，如外貌的缺陷、自身的缺点、言行的失误等，自信的人能较好地维护自尊，自卑的人往往陷入难堪。对影响自身形象的种种不足之处大胆巧妙地加以自嘲，能出人意料地展示你的自信，在迅速摆脱窘境的同时显示你潇洒不羁的交际魅力。如你"海拔不高"，不妨说自己是体积小能力大，浓缩的都是高科技；如丑陋的你找了一个美丽的她，不妨说"我很丑但我很温柔"；即便你如刘靖一样背上扣个小罗锅，也不妨说你是背弯人不弓。

某老师说话有广东口音，普通话不过关，有一次上语文课，讲到某一问题要举例说明时，把"我有四个比方"说成了"我有四个屁放"，一时教室里像炸开了锅，学生笑得不可收拾。老师灵机一动，吟出一首打油诗："四个屁放，大出洋相，各位同学，莫学我样，早日练好普通话，年轻潇洒又漂亮。"老师的机智幽默赢得了学生的热烈掌声。

可能你会认为，嘲笑自己的缺点和愚蠢，是幽默的最高境界。然而，伴随这种嘲笑的情绪不同会出现不同效果。如果我们尖刻地嘲笑自己，他人会觉得我们犯了愚蠢的错误，活该受到惩罚，那我们只会感到屈辱。因为这种态度背后的潜在意识就是相信我们应该比实际的更好，而如此人生态度正是我们超脱的障碍。如果我们内心充满了豁达来嘲笑自己，就能达到某种和蔼可亲的超脱。因为我们自认愚蠢，但不顾影自怜。

总之，在社交场合中，自嘲是不可多得的灵丹妙药，别的招不灵时，不妨拿自己来开涮，至少自己骂自己是安全的，除非你指桑骂槐，一般不会讨人嫌，智者的金科玉律便是：不论你想笑别人怎样，先笑你自己。

第十章

善言求助：能说
会道，求人不难

谈　话　的　艺　术

求助于人，要表达你的急切

要想让别人帮助你，不仅要在话语上能够说服别人，而且要在表现上让对方体会到你的急切心情，这样才能促使人们从心里愿意去帮助你。

1.要表现得很着急

一个人在想得到别人的帮助时，一般会向对方说明自己想要获得什么样的帮助，那么这个时候对方会视情况来对你进行帮助，在帮助时间的急缓上，很大程度上取决于他对你的观察。如果你表现得怡然自得，不慌不忙，那么他自然觉得你不是很急，那么在帮助你的时候行为动作相对也会缓慢。相反，如果一个人在向别人求助时，表现得非常急切，那么对方就能够意识到问题的急迫性，就会迅速帮助你。

小明从超市买了很多东西，集中放到一个大箱子里，此时，他站在楼下发现自己根本无法将箱子搬到5层的家中，他住的这个楼没有安装电梯，于是他打电话给自己的邻居，请邻居帮忙。他在电话中说："我这里有一个大的箱子，搬不上去了，请你下来帮我一下吧。"邻居的答复是"好的，你等一下啊，我把手里的事情处理一下就下去"。于是，小明等了近20分钟邻居才下来。后来，小明又有一箱东西需要邻居帮忙搬上

5层，这次他说："我家里人等着急用，这个东西对他们很重要，我就在楼下，你稍微快点，麻烦啦。"在电话中，小明的语气很急促，给人一种很急迫的感觉。这次，邻居很快就下来了，搬完东西，邻居还说了一句："我走了，正做着饭呢。"

从这个例子中不难看出当小明很平淡地向邻居求助时，邻居过了很长时间才下楼帮忙，而当小明表现得非常着急时，邻居不顾锅里的饭菜就来帮忙了。所以当你请求别人帮忙时，如果自己都不着急，别人就更不会着急。因此，在请求他人帮助时，想要让对方快点帮助自己，可以把自己急切的心情通过话语、语气、肢体动作表现出来，从而使对方能够迅速地帮助自己。

2.心中不要乱

想要别人更加迅速地来帮助你，可以表现出着急的样子，可以流露出急切的心情，但是不要因为这种急切而使自己手忙脚乱，虽然表面上着急，但是心里一定要有数，不能乱。在足球比赛中，总是会有因为各种各样的原因受伤的球员，这时，就有两个人从场外抬担架过来把受伤的球员抬走。不过偶尔可以看见其中的一个救护员在催促另一个快点帮自己转移球员，而且那个催促别人的救护员经常会手忙脚乱，没两下就把受伤的球员从担架上摔了出去，这样的场景往往非常搞笑，可是却真实地反映了人们生活中的一种现象，那就是平时在求人帮忙时，可以表现出一种急迫的样子，但是心中不能乱，要做到有条不紊。

把握说话的时机，把话说进对方心里

那些会说话的人之所以会获得成功，并不在于他说了多少话，而在于他掌握了说话的时机。正所谓言多必失，成功者更注重把握说话的时机，不管在什么场合都显得落落大方，说话的时候说得很充分，不该说的时候一句话也不说。口齿伶俐，在各种场合口若悬河、滔滔不绝，这是很多人所向往的场景，但如果自己在不适当的时机口无遮拦，说了错话，说漏了嘴，这也是难以弥补的过失。著名作家大仲马说过："不管一个人说得多好，你要记住，当他说得太多的时候，终究会说出蠢话来。"我们每个人都应牢牢记住这句至理名言，要明白言不在多，一定要把握说话的时机，这样才能深入地影响对方的心理。

有一个经营印刷业的老板，在经营了多年之后萌发了退休的念头。他原来从美国购进了一批印刷机器，经过几年使用后，扣除磨损费应该还有250万美元的价值。他在心中打定主意，在出售这批机器的时候，一定不能以低于这250万美元的价格出让。有一个买主在谈判的时候，针对这台机器的各种问题滔滔不绝地讲了很多缺点和不足，这让印刷业的老板十分恼火。但是他在自己刚要发作的时候，突然想起自己250万美元的底价，于是又冷静了下来，一言不发，看着那个人继续滔滔不绝。结果到了最后，那人再没有说话的力气，突然蹦出一句：

"嘿，老兄，我看你这个机器我最多能够给你350万美元，再多的话我们可真是不要了。"于是，这个老板很幸运地比计划多卖了整整100万美元。

正所谓"静者心多妙，超然思不群"。一些习惯于滔滔不绝的人往往是最沉不住气的人，一旦遇到了冷静的对手，他就最容易失败，因为急躁的心情让他们没有时间考虑自己的处境与位置，也不会静下心来思考有效的对策。而在上面这个案例中，那位啰唆不停的买主正好中了老板无意设下的"陷阱"，不等对方发言，就迫不及待地提出建议价格，等于自己拿空子让别人钻。

言不在多，少说话可以使自己有更多的时间思考，经过思考之后，再找准说话时机，这样说出的话会更精彩。在日常交际中，我们应该少说话，特别是当一个比自己更有经验的人在场的时候，如果我们说得太多了，就无异于自曝其短，这样继续下去的结果将对自己很不利。

一家小公司与一家大公司进行了一次毛衣谈判，大公司的代表依仗自己的实力，滔滔不绝地向对方介绍情况，而小公司的代表则一言不发，埋头记录。大公司的代表讲完后，征求对方代表的意见。小公司的代表好像突然睡醒了一样，迷迷糊糊地回答说："哦，讲完了？我们完全不明白，请允许我们回去研究一下。"于是，第一轮会谈结束。

几星期后，谈判重新开始，小公司的代表声称自己的技术人员没有搞懂对方的讲解。结果大公司代表没有办法，只好再次给他们介绍了一遍。谁知，讲完后小公司代表的态度仍然不明朗，仍是要求道："我们还是没有完全明白，请允许我们回去再研究一下。"就这样，结束了第二轮会谈。

过了几天后，第三次会谈小公司的代表还是一言不发，在谈判桌上故伎重演。唯一不同的是，这次，他们告诉公司，一旦有讨论结果立即通知对方。过了一段时间，大公司觉得这次合作已经没戏的时候，小公司的代表找上门来开始谈判，并且拿出了最后的方案，以迅雷不及掩耳之势逼迫大公司，使对手措手不及。最后，达成了这一项明显有利于小公司的协议。

一家小小的公司居然能够打败大公司，在谈判中获得了成功，关键在于小公司懂得沉默，懂得掌握说话的时机。在说话时机尚未成熟的时候，他们一直不说话，使对方摸不着头脑，盲目骄傲自大，同时也为自己赢得了时间去研究对手的方案，最后给了大公司措手不及的一击。可见，说话看准时机比说话多更有效，它能起到滔滔不绝完全达不到的效果。

那么，在日常生活中，我们该如何看准说话的时机呢？

1.占据优势时少说话

在谈话过程中，我们完全占据了优势的位置，这时候需要少说话，对方在无措之时自会露出破绽。

2.不了解情况时少说话

有时候，在不了解对方的情况时不要盲目地乱说，这有可能会给对方提供可乘之机，使自己遭受很大的损失。所以，在不了解对方情况的时候，不要轻易把话说出口，需要谨慎用语。

3.气愤时少说话

当自己或对方的情绪正在激烈的时候最好少说话，这时候一旦开口不慎就会引发一场争执。最佳的说话时机是等双方都冷静下来，能够心平气和地谈话才安排时间交谈，只有这个时候双方的交流才能顺利进行下去。

 ## 说话要"看菜下碟"，才能如鱼得水

俗话说："求神要看佛，说话要看人。"人上一百，形形色色，每个人都有自己的性情，每个人都有不同的心理。这时候，我们的语言表达方式也需要因人而异，需要迎合对方的性情、心理特点，才有可能影响对方心理。否则，一味地强势或一味地退却，只会使我们在交流中处于越来越被动的位置。所以，我们在与他人交流的时候，需要讲究看准人下"话药"，如此这般，才能使自己在人际交往中如鱼得水、应付自如。

两千多年前，孔子的学生仲有问："听到了，就可以去干吗？"孔子回答："不能。"后来，另一个学生冉求也问了同样的问题："听到了，就可以去干吗？"孔子回答说："那当然，去干吧！"公西华听了，对于老师孔子的回答感到很疑惑，就询问孔子："这两个人问题相同，而你的回答却相反，我有点儿糊涂，想来请教。"孔子回答："冉求平时做事喜欢退缩，所以我要给他壮壮胆；仲有好胜，胆大勇为，所以我要劝阻他，做事要三思而后行。"

孔子诲人也不是千篇一律，更何况是说话呢？我们在面对不同的说话对象，需要看准人下"话药"，时而强势，时而退避三舍，这样才能有效地影响他人心理。

《红楼梦》里林黛玉抛父进京城，小心翼翼初登荣国府的时候，王熙凤先是人未到话先到："我来迟了，不曾迎接远客！"尚未出场，就给人以热情似火的感觉。随后拉过黛玉的手，上下细细打量了一回，送至贾母身边坐下，笑着说："天下竟有这样标致的人物，我今儿算见了！况且这通身的气派，竟不像老祖宗的外孙女儿，竟是个嫡亲的孙女儿，怨不得老祖宗天天口头心头一时不忘。只可怜我这妹妹这样命苦，怎么姑妈偏就去世了！"一席话，既让老祖宗悲中含喜，心里舒坦，又叫林妹妹情动于衷，感激涕零。而当贾母半嗔半怪说不该再让她伤心时，王熙凤话头一转，又说："正是呢！我一见了妹妹，一心都在她身上了，又是喜欢，又是伤心，竟忘了老祖宗。该打，该打！"

短短几句话，王熙凤把初次见到林妹妹时的悲喜爱怜的情绪，表演得淋漓尽致。而那一字一句都值得细细品味，这些语言都彰显着其性格特征。她知道黛玉是贾母最疼爱的外孙女，先恭维"天下竟有这样标致的人物，我今儿算见了！况且这通身的气派，竟不像老祖宗的外孙女儿，竟是个嫡亲的孙女儿，怨不得老祖宗天天口头心头一时不忘"，看似称赞林黛玉，实际上却是讨好贾母，还捎带博得了迎春等嫡孙女的欢心。然后提到黛玉的母亲，硬是"抢先用帕拭泪"，看见贾母笑了，她也由悲转喜。她拉着黛玉的手问这问那，主要是为了炫耀自己在贾府中的地位和权势，同时，又在贾母面前表现出对黛玉的关心。

战国时期著名的纵横家鬼谷子曾经说："与智者言依于传，与博者言依于辨，与贵者言依于势，与富者言依于豪，与贫者言依于川，与战者言依于谦，与勇者言依于敢，与愚者言依于锐。""说人主者，必与之言奇，说人臣者，必与之言私。"一个人要善于说话才会受欢迎，而且要能够根据不同的人说不同的话，使自己的话语有"弹性"，那么，你的人际交往也会相应地收放自如。

1. "什么人说什么话"

在我们开口说话之前，需要仔细观察了解对方这个人，或是了解其性格特征，或者了解其喜好。在交谈进行的过程中，势必要"什么人说什么话"，比如，对上司不能强势，只能退避三舍；自己的利益受侵犯时，必须强势，维护自己的利益。

2. "对方想听什么，你就说什么"

当我们置身于一个谈话环境，你就必须清楚与对方的关系，了解对方的喜好禁忌，了解对方喜欢听什么，讨厌听什么。这时候，洞悉其心理，对方想听什么，你就说什么，那些讨嫌的话绝对不能说。

3."肚子里有货才能倒得出来"

当然，为了能够应对各种人，我们必须不断地积累知识，拓展自己的知识面，这样才能和什么人都有话说，才能够说出对方喜欢听的话。

 ## 求人办事要能屈能伸，才能让对方尊重你

俗话说"能屈能伸才是真英雄"，在求人帮忙时免不了会遇到挫折，对方不愿意帮忙，或是不给面子，这时着急是没有用的，很多人因为一时憋屈而选择了错误的解决方式。所以要想真正做成事情，就要在困境中放低姿态，寻找合适的时机再展现自己，不能一遇到困难就自动放弃，真正做到能屈能伸，对方才会对你另眼相看，才会更加尊重你，愿意帮助你。

1.适时地"屈"是为了更好地"伸"

在最后一次北伐中，司马懿无视巾帼女衣的侮辱，坚壁不战，以柔克刚，以忍耐作为最强大的资源，致使精于兵法、博学而明智的诸葛亮以无功而告终，不战而退敌人之兵。要想"伸"得更远，忍耐是必要的。

司马懿正是能够忍耐，能够忍辱负重，才成就了他最后的成功。同样的道理，求人办事并不是一帆风顺的，很多时候被拒之门外是非常正常的，这时候如果你放弃了，那么你就前功尽弃了。所以，在求助对象并不热心或者根本不把你放在眼里时，不要因为一时的丢面子而无法忍耐，做出傻事。"大江东去浪淘尽，千古风流人物"，这是成功者的低吟，是成功者的浅唱，同时更是成功者的辉煌。

2.用好"屈"这一计谋

很多人在求人不顺利时会放低自己的姿态，不是继续说好话，就是上门拜访，似乎不达目的不罢休，即使别人瞧不起自己，也不会轻易放弃。这种人就是在碰到挫折时能够直面，在他们眼里，颓废是可耻的，是让人鄙夷的，所以他们胸怀远大，能够把"屈"作为一种手段，能够做到暂时的忍辱负重，从而获得最后的胜利。

当然，"屈"并不是一味地低三下四，而是要有自己的气节，否则就与投降没什么两样了。另外，就是在"屈"的时候注意观察，利用能够利用的资源和优势，这样才能逐渐形成有利于自己的形势，为最后的"伸"做好铺垫。

3.好心态好状态

并不是每个人都能在劣势中做到能"屈"的，因为这些人平时强势习惯了，或者由于身份等原因做不到屈服，归结于一点是心态的问题。

想想人生没有一帆风顺的，人总是要经历磨难，在这个充满着形形色色的人的社会中摸爬滚打。并不是每个人都可以有一番惊天动地的伟业的，只有那些能够做到常人无法做到的事的人才能创造惊人之举。

"能屈能伸"是诞生于《史记》的一个词，因为它有着非常深刻的哲理，所以流传久远。书中记载："屈是拉开的弓，伸是射出的箭，只有拉得紧，才能射得远。屈是伸的前奏，伸以屈作为铺垫，伸是屈的目的，屈是伸的手段。小事要屈，大事当伸！"

4.小不忍则乱大谋

很多人都是因为忍不了一时而坏了一世，因此，为了达到自己的目的，就需要做出暂时的忍让吃亏，因为唯有如此才能使你获得长远的利益。一个人要有广阔的胸怀，如果在求人帮忙时，别人很无理地拒绝了你，而这时你占理又能够做出让步，那么，对方不但会被你的宽容打动，而且会对你的气量佩服，从而尊重你，更加愿意帮助你。

"忍小谋大""一忍可以制百勇，一静可以制百动"。人在做事时，不要只看眼前，不要为了一时的得失而斤斤计较，急功近利只会阻碍你实现更远大的目标，所以，求人办事不要死板，要做到能屈能伸，这样对方才看得起你，最终才能够获得对方的帮助。

将你的话裹好糖衣送出去，让对方甜在心里

在说话的时候要注意一点就是挑对方爱听的话说，如果一些话不好讲，那么就想办法把话裹上一层糖衣再送出去，这种情况尤其适用于关键性的话语，这些话说好，往往能够达到一击制胜的目的。

1.好话当面说

很多时候，人们不会主动说好话，尤其是不求人的时候，但是人们都喜欢听别人说自己的好话，这是一种通病。这种毛病是需要适当克服的，因为没有人不需要别人帮助，总有一天会有求于人，那么，在求人办事的时候，你一句好话都说不会说，恐怕吃闭门羹的概率就大多了。

春秋战国时代，有一个典故叫"烛之武退秦师"，讲的是秦晋联军攻打郑国，使得郑国的文臣武将均一筹莫展，武将不敢出征，文将没有计谋，最后郑王不得不请烛之武老将亲自出马，去秦国一趟。烛之武受命于危难之际，到了秦军那里，找到了秦军的统帅。他对秦军统帅动之以情，晓之以理，情真意切，痛陈唇亡齿寒的利和弊，最后终于说服了秦国统帅，让其下令秦国立刻撤军不再攻打郑国，并且留下了两员大将，协助保卫郑国。晋国一看无可奈何，只好撤军。

从这个角度看，会说话就是一种本领了，因为会说话能说退百万雄师。一个老将能够不费一兵一卒，只凭一张嘴就让秦国撤军，这样的本领谁不佩服？虽然我们平时求人办事和兵临城下没有可比性，但学习说好话的本领也非常重要。

2.好话背后说

在背后不能说别人的坏话，那么好话就另当别论了，好话在背后说，这是一种技巧，往往有意想不到的效果。

从前有个县令很喜欢听别人恭维自己。每发布一个政令，属下都交口赞誉。有个差役想博得县令的欢喜，故意在一旁悄悄地对人说："凡是身居高位的人，大多喜欢别人的奉承，只有我们老爷不是这样，一向对别人的称赞不放在心里。"县令从旁听到这话，非常高兴，马上唤来那个差役，手舞足蹈地对他称赞不已，说道："好啊，知道我心里想的，只有你这个人了!"从此便对这个差役大加亲近重用。

谁都知道差役这些话是专门说给县令听的，但他不直接向县令说，却以和同伴背后议论的方式，有意让县令听到，而达到自己拍县令马屁、讨好县令的目的。喜欢被赞扬是人们共有的一种心理，这个差役能够将关键的话语裹上糖衣送出，并且让县令听后好生喜欢，是很不简单的，这需要时机，更需要头脑，一种能够抓住机会的头脑。

一般情况下，一个人对另一个人讲话，总是带着一些情感，是好是坏人们心中自有衡量的标准，所以不要忽视了人们的自我辨别能力。那么很多时候人们向一个特定的人传达自己的好感的时候，就会顾虑到自己的赞美会不会被那个人觉察，其实这是没有必要的，因为只要你去做了，对方就能够感受到。例如，你可以当着这个人的面，随便拉一个人作为听众，然后把自己的赞美之词说出来，这样一来你要赞美的那个人不仅不会觉得奇怪，而且会非常相信那些话，所以效果会好很多。

3.说话有底气

有人说别人好话的时候总是带有一些目的性，于是心中总是存有那么一点心虚，其实这大可不必。俗话说"身正不怕影子斜"，如果自己堂堂正正，说几句对别人没有坏处的好话无伤大雅，所以不要有顾虑，要做到大大方方不落俗套，说出的话让人一听就舒服，动作神情让人一看就真实。

无论是当面赞美还是背后恭维，只要时机得当就能够达到理想的效果，所以在一些关键的话语上，可以适当斟酌，最好能将其裹上一层糖衣再送出，这样对方接收到时也会有一种甜蜜，心里自然会舒服。这样一来，再求人办事时，对方的心态就不一样了，就会对你很有好感，求人就变得相对容易了。

第十一章

润心无声：懂点暗示的语言，达成所愿

巧用话语暗示，让对方放下心中顾虑

我们在人际交往中，都希望获得他人的信任，因为出于任何目的的沟通都是在建立互信的基础上的，否则交流就无法进行下去。然而，现实的沟通中，不少人却遇到了这样的困惑，怎样才能打消对方的疑虑呢？有时候，直接劝说未必有效果，甚至可能适得其反。此时，你可以通过言语暗示把自己的想法传递给对方，使对方能够打消心中的疑虑。

一般而言，每个人对于自己心中的想法有保密的冲动，他们不希望自己的心思被别人看穿。鉴于对方这样一种心理，即便我们猜中了对方正在焦虑的事情，也不能直接说出来，而是巧用话语暗示，正所谓"曲径能通幽"。

娜娜小姐因公出差，在火车上与一位男士坐在了一起。火车开了没多久，男士就主动打招呼，娜娜觉得自己一个人挺闷，于是就和他攀谈了起来。两人就一些话题聊了起来。

可是，聊着聊着，那位男士竟然将话题一转，贸然发问："你结婚了吗？"娜娜顿时心生厌恶，迟迟不回答，男士见娜娜突然变得不高兴，显得有点不知所措。

为了打消男士心中的疑虑，娜娜解释说："先生，我听人说过这样的话'对男人不能问收入'，所以刚才我并没有问你

的收入；'对女人不能问婚否'，所以你这个问题我不能回答了。请你谅解。"那位男士听娜娜这样一说，尴尬地笑了笑，就不再说话了。

面对男士的唐突问题，如果娜娜保持沉默，就会显得不太礼貌。为了打消对方心中的疑虑，也为了给对方一个台阶下，娜娜巧妙用语言暗示出自己拒绝回答问题的真实原因，同时，这也使男士意识到自己言语的失礼之处。

那么，与人沟通中，我们该如何巧妙运用话语暗示来达到自己的目的呢？

1.语言随和，努力造成一种轻松愉快的气氛

要想打消对方的疑虑，你在交流前就要努力做到使对方放松。这需要你做到：第一，我们要从自我做起，谈话要直率而坦然，使对方不感到拘谨；第二，我们要多听少说，多给对方表达的机会，你的眼神要随时表现出你对他的理解和认同。

2.暗示对方的疑虑是没有必要的

以销售活动为例，如果你是一名保险推销员，那么，对方很有可能反驳你："保险是骗人的。"此时，你可以这样为客户分析保险带来的利益："即使物价会有所上涨，有保险总比没有保险好。而且我们公司早已考虑了这些因素，顾客的保险金是有利息的。当然！我这么年轻在您面前讲这些，实在有点班门弄斧，还望您多多指教……"通过语言暗示对方

的疑虑是有必要的，影响他人的心理变化，达到说服他人的目的。

3.巧妙引用第三方的话

"王婆卖瓜，自卖自夸"，我们一味地正面陈述事实的时候，对方未必相信，此时，你不妨换一种方式来说这件事情，就可以大大消除对方的疑虑。巧妙引用第三方的话，向对方证明你的观点，这就是打消对方疑虑的好方法。比如，你可以这样说"我的邻居已经用了三四年了，仍然好好的"。这句话暗示出产品质量绝对能过关，虽然邻居并不在旁边，但这已经有效地打消了对方心中的疑虑。

可见，沟通中，打开他人心扉，就需要我们学会巧妙暗示，只有这样，才能拉近彼此距离，消除对方的戒备心。

正话反说，让对方认识错误

沟通是一种复杂的心理交往，而每个人的微妙心理、自尊心往往在里面起重要的控制作用，稍微触及它，就有可能产生不愉快。所以，对一些只可意会不可言传的事情、可能引起对方不快的事情，比如指出对方的错误、对方的不足之处，这时候不能直言相告，只能通过语言暗示来达到目的。那么，该怎么暗示他人的错误呢？心理学家指出，人们从不拒绝幽默的语言，因此，生活中的人们，如果你也能运用幽默因素，能以开玩笑的方式说点俏皮话，那么，便能起到暗示对方、让对方认识错误的效果。暗示批评法，即对事物表达自己的看法，不是通过直说，而是种种可能进行曲说，并达到幽默的效果。

从前，有个人请客，酒席间有一客人，刚一举杯就放声大哭。

主人忙问："老兄为何临饮而哭？"客人回答说："我平生爱的是酒，如今酒已死了，为何不悲不哭？"

主人笑道："老兄差矣，酒怎么会死呢？"

客人故作沉痛的样子说："既然没死，为啥没有一点酒气？"于是满座哗然。

这则故事中，客人发现主人吝啬，没有用好酒待客，但他并没有直说，而以故意放声大哭诱发主人的疑问"为何临饮而哭"？接下来，他依然不回答主人的问题，将主人的胃口吊高，最后才表明没有"酒气"，这样旁敲侧击，真可谓迷离藏趣，令人会心而笑。

不得不说，幽默是一种难得的口才，而懂幽默的人更有魅力，即便是难以直接表达，可能伤及他人的话，他们都能以开玩笑的方式让对方巧妙接受。的确，幽默也是一种暗示的方法，能让对方听出你的言外之意，自己认识到错误，从而加以改正。

具体来说，我们还应掌握以下分解出来的几种方法：

1.影射

19世纪意大利有个作曲家叫罗西尼。

有一次，一个作曲家带了份七拼八凑的乐曲手稿去向他请教。演奏过程中，罗西尼不住地脱帽。

作曲家问："是不是屋里太热了？"

罗西尼回答说："不，我有见到熟人脱帽的习惯，在阁下的曲子里，我碰到那么多熟人，不得不连连脱帽。"

很明显，面对这份七拼八凑的乐曲手稿，罗西尼很想指出他的过错，但他没有点破对方的"抄袭""拼凑"，而是用富于幽默的"不住地脱帽"的动作和"碰到那么多熟人"的解释，委婉含蓄地暗示了自己尖锐的批评意见，这种批评虽不如直说那般鲜明尖锐，但它不仅生动形象，而且幽默、含蓄，更富于讽刺意味而耐人寻味。

2.设疑

一位吝啬鬼，小气得出奇。他在大杯子里仅仅倒上一丁点儿酒，刚好盖过杯底，一位客人向他要一把锯子。

"你要锯子做什么用？"

"为了把杯子的无用部分全部锯掉。"

这几个富有讽刺意味的幽默，用的正是设疑的暗示之法。

3.巧借话题

一天，阿凡提去朋友家做客。那位朋友是个爱好音乐的人，他拿出了各种乐器，一件一件地演奏给阿凡提欣赏。

中午过了，阿凡提早就饿得难受，那位朋友还在没完没了地拨弄乐器，并问道："阿凡提，世界上什么声音最好听？是独塔尔还是热瓦甫呢？"

阿凡提回答说："朋友，这会儿，世界上什么声音都比不上饭勺刮着碗的声音好听呀！"

这里，假如阿凡提直接表明自己的想法："我早就饿了，你还没完没了地摆弄乐器干什么？"则显得不得体，所以他及时接过话题，临时用"饭勺刮碗的声音"与音乐家的乐曲声作对比，其实是以此暗示对方该是进午餐之时了。由于转折自然，表达得含蓄而幽默，在不损害对方自尊心的前提下令对方愉快地得到了暗示。

4.讳言婉语

人们在日常说话中，由于某些原因，需要避讳，于是出现了讳言婉语。从某种角度看，讳言婉语实际上是一种巧妙的暗示，有时会有幽默的效果。

一个泥瓦匠，因为他在喝得酩酊大醉时，说了一句"沙皇陛下在我的屁股底下"，被告到法院。

法院经过认真审理，确认他有罪。记者们要报道此事时，又不能重复那句侮辱皇上的话，真是费尽了心思。

后来一个聪明的记者写的消息被各报采用。那位记者是这样写的："泥瓦匠安德烈被法庭判处有期徒刑三年，因为他泄漏了一些有关沙皇住处的令人不安的消息。"

经过记者的一番处理，实言与讳言之间形成了夸张性的距离，令人忍俊不禁。

5.弦外之音

吃饭时，丈夫尝了尝汤，问道："家里还有盐吗？"

"当然有，"妻子说，"我就去给你拿来。"

"不用了，亲爱的，我以为你把所有的盐都放在汤里了呢？"

这句话暗示妻子做的汤太咸，婉转道来，既亲切，又幽默。

的确，生活中，有时候，我们在需要指出他人的错误，却发现，如果直接指出，可能会带来一些负面结果，比如，伤害对方自尊心、伤害彼此间的友谊，或者让对方没面子等，而说点俏皮话，开个玩笑，远比一本正经地指出他人的过失和不足更委婉含蓄，更易让人接受！

 ## 讲故事，运用事例来传达自己的观点

在很多时候，我们会有一些难以言说的话，或者不便于表达的想法，这时候我们可以借助于讲故事或者举例子，婉转地表达出自己的想法和建议，让对方明白自己的用意。无论是讲故事，还是举例子，我们都是通过一些事例来传达自己的观点。如果直接说出自己的意见或想法，对方有可能会拒绝接受，这就需要具有隐晦性而又有代表性的事例来加以表达，一方面可以省去了直接表达带来的弊端，另一方面还可以增强说服力，同时，这样的表达方式也更容易让对方接受，继而影响到对方的心理。

战国时期，齐国有一个名叫淳于髡的人。他的口才很好，也很会说话。他常常用一些有趣的隐语来规劝君王，君王不但不生气，而且乐于接受。当时齐国的齐威王，本来是一个很有才智的君主，但是，在他即位以后，却沉迷于酒色，不管国家大事，每日只知饮酒作乐，把一切正事都交给大臣去办理，自己则不闻不问。因此，官吏们贪污失职，再加上各国的诸侯也都趁机来侵犯，使得齐国濒临灭亡的边缘。

虽然，齐国的一些爱国之人都很担心，但是，却都因为畏惧齐王，所以没有人赶出来劝谏。有一天，淳于髡见到了齐威王，就对他说："大王，为臣有一个谜语想请您猜一猜：某国有只大鸟，住在大王的宫廷中，已经整整三年了，可是他既不振翅飞翔，也不发声鸣叫，只是毫无目的的蜷伏着，大王您猜，这是一只什么鸟呢？"齐威王是一个聪明人，一听就知道淳于髡是在讽刺自己，像那只大鸟一样，身为一国之尊，却毫无作为，只知道享乐。而他此时再也不是一个昏庸的君王，于是沉吟了一会儿之后便毅然决定要改过，振作起来，做一番轰轰烈烈的事，因此他对淳于髡说："嗯，这一只大鸟，你不知道，它不飞则已，一飞就会冲到天上去，它不鸣则已，一鸣就会惊动众人，你慢慢等着瞧吧！"

淳于髡所引用的"隐语"实际上就是讲故事或者举例子，把自己劝谏的内容通过隐晦的方式传达给君王，这样一种进谏方式无疑会受到君王的喜欢。而且，齐威王本人也是一个非常有智慧的人，他很喜欢听隐语，虽然他不喜欢听别人的劝告，但淳于髡这样婉转的劝告却让他愉快地接受了。在一番言语中，齐威王接纳了淳于髡的劝告，意味着他的心理受到了影响。

自古以来，那些颇具智慧的大臣在向君王进谏的时候，都会采用到这样的表达方式。比如，在"邹忌讽齐王纳谏"中，邹忌并没有直接说出自己的建议，而是通过举例子来表达自己的想法："臣诚知不如徐公美。臣之妻私臣，臣之妾畏臣，臣之客欲有求于臣，皆以美于徐公。今齐地方千里，百二十城，宫妇左右莫不私王，朝廷之臣莫不畏王，四境之内莫不有求于王：由此观之，王之蔽甚矣。"所以，我们在交谈过程中，若是遇到不好说的话或者不好表达的意见，也可以巧妙地通过讲故事、举例子来传达给对方，让他明白自己的用意。

1.选择代表性的故事或例子

在谈话中讲故事或者举例子，都可以起到使谈话内容具体、增强说服力的作用。但是，我们在选择故事或例子的时候，需要注意其代表性。如果你讲了一个很长的故事，但却因为不具备代表性而使对方不知所云，这样就无法达到沟通的效果。

2.注意故事或例子的适当性

当我们在讲故事或举例子的时候，还需要注意故事不宜过多，不能老是在谈话中讲故事、举例子。偶尔在谈话中穿插一个故事或例子，这样让人很新鲜，但经常使用也会使人心生厌烦的。

3.注意表达的隐晦性

当我们在选择讲故事或者举例子的时候，肯定是想避免直接表达带来的弊端。因此，即便是在讲故事，或者举例子，我们也要适当注意表达的隐晦性，不能直白地在故事中阐明自己的想法。我们所需要表达的想法和意见，完全可以借助于故事或例子去作婉转表达，这样才能更好地影响对方的心理。

 ## 暗示比直言快语更能凸显表达效果

语言暗示，也就是不明说，用含蓄的语言使人领会。我们可以通过交往中的语言，用含蓄、间接的方式表达出一定的信息，使对方接受自己的意见或观点。在日常交际中的一些场合，许多话都不便于直说，这时可以利用言语暗示来传递一些信息，暗示所采取的方式可以是含蓄的语言，但只要对方能够明白你所表达的意思，那么操控他人心理的目的就达到了。通过大量事实证明，暗示比直言快语更能凸显出表达效果，因为它所表现出来的婉转曲折，总是给人以愉快的心情。

从前，有个酒店老板，脾气非常暴躁。一天，有个客人来喝酒，才喝了一口，嘴里便叫："好酸！好酸！"老板听后大怒，不由分说，把客人绑了起来，吊在屋梁上。这时来了另一位顾客，问老板为什么吊人，老板回答："我店的酒明明香醇甜美，这家伙硬说是酸的，你说该不该吊人？"来客说："可不可以让我尝尝？"老板殷勤地给他端了一杯酒，客人呷了一口，酸得皱眉眯眼，对老板说："你放下这个人，把我吊起来吧？"

这位客人通过言语暗示出强烈的讽刺，这样的表达方式既显得委婉含蓄，又显得十分艺术。在很多时候，我们会对他人的行为或者语言感到不满，而语言暗示恰好能够得体礼貌地表达出自己的想法。

1952年，正在莫斯科访问的美国总统尼克松将去苏联其他城市访问。苏共中央总书记勃日涅夫到莫斯科机场送行。正在这时，飞机出现故障，一个引擎怎么也发动不起来，机场地勤人员马上进行紧急检修，尼克松一行只得推迟登机。勃列日涅夫远远看着，眉头越皱越紧。为了掩饰自己的窘境，他故作轻松地说："总统先生，真对不起，耽误了你的时间！"一面说着，一面指着飞机场上忙碌的人群问："你看，我应该怎样处分他们？""不，"尼克松说，"应该提升！要不是他们在起飞前发现故障，飞机一旦升空，那该多么可怕啊！"

尼克松话语里暗含讽刺、挖苦、指责，但这些却是以异常夸张的话语表达出来的，而勃列日涅夫听了只能苦笑，什么也说不出来。虽然尼克松表达了自己的"厌恶之情"，但却没有说什么难听的话，若直接回击反而显得自己"神经过敏"。

在日常生活中，很多时候我们都无法直接表达自己的想法，这时候就需要通过暗示来表达，于是就出现了一语双关、含沙射影、指桑骂槐等旁敲侧击的艺术性语言。既然可以用暗示的语言来表达自己的厌恶，当然，我们也同样可以用暗示的语言来表达喜欢。

1.含蓄表达爱情

通过话语暗示来表达爱情，这可以使话语本身具有一定的弹性，不至于对方一拒绝就没有挽回的余地，而且，这也符合恋爱时的羞怯心理。据说陈毅和张茜是一对情爱甚笃的革命情侣，陈毅为了暗示自己的爱慕之情，苦心经营了一首诗："小箭含胎初出岗，似是欲绽蕊露黄。娇艳高雅世难觅，万紫千红妒幽香。"而张茜从这首诗中领悟了陈毅的深情，最终两人确定了恋爱关系。

2.委婉表达讥讽之意

在日常交际中，直接辱骂别人，听者当然很容易就能听出来。但如果对方是利用暗示语言来侮辱人，我们就更应该注意了，这时不仅要善于听出别人的恶意，还应该以其人之道还治其人之身。比如，安徒生戴了一顶破帽子，过路人取笑："你脑袋上边那个玩意是什么？能算是帽子吗？"安徒生随即回道："你帽子下面那个玩意是什么？能算是脑袋吗？"

3.暗示拒绝

有的人喜欢用暗示来投石问路，这时你也可以用暗示来拒绝对方。比如，面对老乡的借宿的请求，李先生这样暗示拒绝："城里比不了咱们乡下，住房可紧了。就拿我来说吧，这么小的屋子居然住着三代人……你们大老远地来看我，不该留你们在我家好好地住上几天吗？可是没有办法啊！"老乡只好知趣地走了。

4.暗示自己的不满

有时候，面对他人的错误，我们也最好以双关影射之言来暗示他，迫使对方意识到自己的错误。比如，顾客发现汤里有一只苍蝇，巧妙暗示老板："对不起，请您告诉我，我该怎样对这只苍蝇的侵权行为进行起诉呢？"

 善于用含蓄的语言传递你的"弦外之音"

在日常交际中，对于一些难以启齿的需求，我们无法直接开口说出来，而是需要借助含蓄的语言才能达到表达的目的。

很多时候，我们不得不向他人提出自己的所需所求，有可能是对方没有意识到的尴尬问题，也有可能是求人办事，这时候含蓄的表达效果远远高于直截了当。含蓄表达是从侧面切入，暗中点明自己要表达的意思，换句话说，就是把话说在明处，把含义却藏在话的暗处。在正常交际中，我们要善于用含蓄的语言来表达自己的需求，传递出话语的弦外之音。

王伟到总经理家请求帮忙，经理夫人热情接待了，也很有礼貌地端茶递水。可是，王伟办完了正事之后竟然开始高谈阔论起来。眼看天色已经很晚了，孩子也要早点休息，可王伟还显得意犹未尽。于是，经理夫人收拾了一下家务，到房间对丈夫说："小王这么晚来找你，你快点给他想个办法，别让他总是这样等着。"又对小王说："您再喝杯茶吧。"一时之间，王伟领会了经理夫人的话，很知趣地告辞了。

天色越来越晚，经理夫人想要休息了，但王伟还在继续高谈阔论，出于礼貌，经理夫人不可能直接说"今天已经很晚了，我们都要休息了，你还是早点回去吧"。于是，经理夫人通过含蓄的表达暗示了自己的真实需求。看似表面上是帮王伟说话，实际上却传递了另外一个信息，这种因情因势的表达，语言得体，又达到了自己的目的。

纪伯伦曾经说："如果你想了解一个人，不是去听他说出的话，而是去听他没有说出的话。"一般情况下，我们都不会轻易地把自己真实的意见或者想法直接说出来，但这些感情或意见却总会在我们的语言表达里表现得清清楚楚。所以，在沟通的过程中，我们不仅需要听得出别人的"弦外之音"，还要善于去传递自己的"言外之意"。

战国时期，楚国发兵攻打齐国，齐威王决定派能言善辩的淳先生去赵国求救。他让淳先生驾上马车十辆，装上黄金一百两，淳先生见了放声大笑，连系帽子的带子都笑断了。齐威王就问："先生是嫌这些东西少吗？"淳先生说："我怎么敢嫌少呢？""那你刚才笑什么呀？"齐威王又问道。淳先生这才停住了笑声，说道："大王息怒，今天我从东面来时，看见有个农民在田里求田神赐给他一个丰收年，他拿着一只猪蹄和一坛子美酒，祈祷说'田神啊田神，请你保佑我五谷丰收，米粮满仓吧！'他的祭品那么少，而想得到的却是那么多，我刚才想到了他，所以禁不住想笑。"齐威王领悟了他的隐语，马上给他黄金一千两，车马一百辆，白璧十对。最后，淳先生出使了赵国，搬来了十万精兵。

淳先生通过讲述自己经历的一件事情，暗示齐威王"拿很少的东西，却想得到更多的帮助"，并且暗示这样造成的结果肯定是求救失败。在整个谈话过程中，淳先生并没有直接表达自己的想法，而是处处用隐语作巧妙暗示，这样既没有拂了齐威王的面子，又达到了自己进谏的目的。

毫无疑问，在交际中我们是需要"言外之意"的，因为在很多时候，说话不能太直白、太明了。比如，给上司提意见的时候，不能表现得比上司还强；批评对方的不足之处，不能伤害他人的自尊。

那么，如何含蓄地表达，才能让对方领会隐藏在话语中的真实需求呢?

1.通过说话方式传达自己的需求

在日常交际中，我们通常都会把自己的真实情感隐藏起来，但事实上在我们的言谈中却时刻流露出"蛛丝马迹"。这时，说话方式便是一个透露给对方内心所想的"窗口"，我们的说话方式不一样，所反映出的真实需求也不同，注意自己的说话方式，便能够把自己的真实需求传递给对方。比如，对他人表示心怀不满或者有敌意时，我们的说话速度就变得迟缓，而且显得比较木讷。

2.说话的表情

有的人对自己的喜怒哀乐从不掩饰，有的人习惯于不动声色地掩饰自己的情绪。我们在与别人交谈的时候，要学会用表情来传递自己的真实需求，比如面对同事的诉说，你表示"我当然也很关心"，但脸上却分明显得很漠然，传递着"谁有空来管这件事啊"，对方也会领会到你不耐烦的情绪。

3.巧妙穿插"暗语"

我们的表述方式与表述习惯会传递出某些信息，这样你可以在言语中穿插一些暗语，"我会试着把这件事安排进工作进度中"，你所传递给对方的信息就是"我工作都排满了，你怎么不早一点告诉我呢"。

运用语言暗示法，引导对方跟着你的思维走

语言是我们用来表达、交流思想的工具，我们传递信息、抒发胸臆、交流感情，几乎总是通过语言行为去完成的。于是，在我们运用语言进行交际的过程中，可以根据自己的意图、语言的环境以及其他各方面的因素，使用藏而不露的话语，也就是俗称的"暗语"。虽然，在一般情况下，我们并没有办法去操控他人的想法、语言以及行为，对方的心理变化完全是在我们控制之外。但是，暗语却可以巧妙达到操控他人心理的目的，比如通过藏而不露的语言给予对方一定的心理暗示，引导对方按自己的思路走。

在美国经济大萧条时期，17岁的莉莎好不容易找到一份在高级珠宝店当售货员的工作。在圣诞节的前一天，店里来了一位30岁左右的贫民顾客。他衣着破烂不堪，一脸的悲哀、愤怒。莉莎要去接电话，一不小心，把一个碟子碰翻，六枚精美绝伦的钻石戒指落在地上，她慌忙捡起其中的五枚，但第六枚怎么也找不着。这时，她看到了那个30岁左右的男子正向门口走去，顿时，她明白了戒指在哪里。

当男子的手将要触及门柄时，莉莎柔声叫道："对不起，

先生！"那男子转过身来，两人相视无言，足足有十秒。"什么事？"他问，脸上的肌肉在抽搐。"什么事？"他再次问到。

"先生，我是头回工作，现在找个事做很难，是不是？"莉莎神色黯然地说。男子长久地审视着她，终于，一丝柔和的微笑浮现在他脸上。"是的，的确如此，"他回答说，"但是我能肯定，你在这里会干得不错。"停了一下，他向前一步，把手伸给她："我可以为您祝福吗？"莉莎立刻也伸出手，两只手紧紧地握在一起，她用低低的、十分柔和的声音说："也祝您好运！"他转过身，慢慢走向门口。莉莎目送着他的身影消失在门外，转身走向柜台，把手中握着的第六枚戒指放回原处。

本来是一起盗窃案，但莉莎却巧妙利用暗示的含蓄方式达到了自己的目的。"对不起，先生！"莉莎首先用了礼貌用语，向对方传递了友好的信息，如果口气过重就有可能造成男子逃跑。同时，莉莎也传达了两层言外之意：你有偷盗戒指的嫌疑；你放心，我不会用粗暴的方式对待你。"我是头回工作"，暗示我和你也一样"同是天涯沦落人"，借以引起情感上的共鸣。"现在找个事儿做很难"，言外之意是你把这枚戒指拿走，我可就丢了工作。"是不是"，通过疑问句，借以男子进一步思考，同时扩大的暗示效果。在整个沟通过程中，莉莎都是通过语言暗示，引导男子按自己的思路走，最终说服了男子，也达到了自己的目的。

有一次，秦王和中期发生了争论，结果中期赢了，而秦王却输了。中期若无其事、大摇大摆地走出了皇宫。秦王大怒，暴跳如雷，决心要把中期杀掉，以解心头大恨。这时，在秦王身边有个和中期要好的人对秦王说："中期这个人实在是个暴徒，一点也不懂规矩。他幸好遇到大王这样贤明的君主才能活命。如果遇到桀纣那样的暴君，早就没命了！"秦王一听，也就不好再加罪于中期了。

中期好友简单的几句话，却暗示了几个含义，其中既有对中期的指责，又暗示了若杀中期就是暴君，相反的意思就是不杀中期就是贤君，如此引导秦王这样一想，也就不好再对中期下手了。

1.传递友好信息

在刚开始的交谈中，我们有必要通过语言暗示出自己的真诚与友好，比如"您好"等，这样对方才会愿意听你说话，而你才能够顺利引导对方的思路。

2.站在对方的角度

在叙述事情的过程中，需要站在对方的角度上，先认同对方的观点，博取了对方的信任，再把自己的意见传递给对方，这样对方更容易接受，也更容易朝着你的思路去想。比如"正如你所说的那样，他一点也不懂规矩，幸好遇到你这样的老板，否则早就被炒鱿鱼了"。

3. "我和你一样"

在交谈中，没有什么比"我和你一样"更能引起对方情感上的共鸣了。当对方认为与你是情感相通的时候，他对你已经消除了戒备心理，甚至愿意被你说服，同时，你也操控了其心理。

第十二章

祸从口出：会说话也要善于管住自己的舌头

不能毫无原则地道歉，否则便会没有分量

生活中，每个人都会犯错误，因为人不是神，不可能真正做到面面俱到，十全十美。我们的习惯是，在做错事情的时候就道歉，有的时候哪怕不是我们错了，但是为了获得暂时的安宁，我们也会道歉。例如在与女朋友相处的过程中，很多男孩不管是否真的是自己的错，一旦看到女朋友生气或者耍小性子，马上就会表达歉意。日久天长，就会把女朋友惯得越来越骄纵，不管遇到什么事情，都随意任性，逼着男朋友的道歉。如此一来，势必影响彼此间的感情。还有些人在职场上充当老好人，不管工作的责任是否在于自己，一遇到上司追责就会一味地承担责任，表示歉意。如此一来，上司最终必然觉得他的道歉一文不值，没有任何含金量，甚至对他的工作能力产生怀疑。正确的做法是，在需要承担责任的时候，如果是原则性问题，我们一定要分清责任，在确定确实是自己的责任时，才可以道歉和承担责任。否则不由分说地就道歉，只会让人觉得你真的有问题。

在西方国家，尽管很多男士都是绅士，却很少轻易道歉。因为每个人都有承担责任的强烈意识，所以知道对不起并非可以随便说的。当你说了对不起，就意味着你已经承认自己是有

责任的一方。因而，在不能确定自己有责任时，最先做的不应
该是说对不起，而是要界定责任。尤其是很多涉及经济赔偿的
事情，一句对不起也许就会成为呈堂证供，因为千万不要出于
礼貌而随口说出对不起。在法制社会，"对不起"的分量是非
常重的。尽管日常生活中的诸多小事并不需要我们对簿法庭，
但是我们依然要学会控制自己脱口而出的冲动，不要随便说对
不起。即便是与最亲密的人之间，我们也不能毫无原则地道
歉，否则日久天长，我们的歉意就会变得轻飘飘的，没有任何
分量。

在费尽千辛万苦追到现任女友默默之后，原本骄傲的那
威就像是变了一个人。现在的他，一改往日高傲的形象，总是
像一只温驯的小绵羊一样对待女朋友。他不仅对女朋友千依百
顺，而且每当女朋友撅起小嘴生气时，他都忙着道歉，根本不
去深究女朋友生气的原因是什么。在爱情之中，那威迷失了自
己。有一次，女朋友因为在地铁上与他人争抢座位而争吵，那
威居然也帮着女朋友和他人一起吵架。不得不说，那威是完全
失去了原则。

随着那威道歉次数的越来越多，女朋友也越发地刁蛮任
性。她对待那威就像是对自己的一只宠物，根本不尊重那威，
更别说为了那威付出啦。终于有一天，那威与女朋友之间爆发
了超级大战。事情的起因很简单，那威带着女朋友回家吃饭，
妈妈精心准备了糖醋排骨，但是女朋友对着可口的饭菜却大发

雷霆，当着妈妈的面就使性子："那威，我要吃红烧排骨，我不要吃糖醋排骨。"那威好言好语地哄她开心："乖啊，吃饭，就吃糖醋排骨。对不起，都怪我没有提前告诉妈妈你喜欢吃红烧排骨。等到下个周末咱们回家时，我让妈妈做红烧排骨，你还想吃什么，我都让妈妈做。"不想，女朋友却继续不依不饶地说："我不，我偏不！"这时，妈妈正色说道："又不是小孩子挑食偏食。糖醋排骨吃着不也很好吗，那威就爱吃糖醋排骨！"女朋友突然生气地说："我不吃了。"说完，她就拿起小包摔门而出。那威觉得当着妈妈的面很没面子，因而也跟出去追女朋友喊她回来吃饭，女朋友却毫不留情地说："你除了会道歉还会干什么？你妈欺负我的时候你干嘛去了！"那威赔着笑说："我妈那不也是心疼我吗！你就委屈一下吧！"不想，女朋友却说："那你就回你妈面前当孝顺儿子吧，反正我也早就厌恶了你这个只会说对不起的窝囊废。"女朋友的这句话，让那威简直如同五雷轰顶，他呆呆站在原地很久，女朋友早就跑得不见踪影了。直到此刻，那威才意识到自己在爱情里卑微到尘土里，却换不来真心诚意的爱情。从此之后，他再也不会轻易道歉了，即使女朋友回头请求他的原谅，他也昂首挺胸，不为所动。他暗暗下决心：我要重新开始一段爱情，找回最真实的自己。

因为对千辛万苦才追到的女朋友的喜爱，原本个性极强的那威一改往日的高傲模样，放低姿态，处处都以女朋友的需求和喜好为准，而且每当女朋友生气或者耍小性子时，他都无理由地道歉。原本，他以为这样就能得到女朋友的真爱，却不想被女朋友称作只会说对不起的窝囊废。至此，那威才意识到泛滥的东西总是不被珍惜，对不起也是同样。因为，痛定思痛的他决定改变自己，重新找回自己，再次开始新的爱情。

任何时候，对任何人，我们都不能轻易地说对不起，虽然讲礼貌、宽容都是绅士的表现，但是在需要的情况下我们必须明确界定责任后，才能勇敢地承担责任。而且，即便是对亲密的人，我们也不能一味地退让，否则道歉就变成毫无意义的付出，甚至招人反感和厌烦。

 ## 委婉地表达自己的意思，别轻易否定他人

在生活中，很多人都喜欢充当裁判官的角色，对于他人的事情总是指手画脚，似乎任何事情只有他们的选择才是英明正确的。人们并不欢迎这样的人，即便他们是出于好心而多管闲事，但是人们依然对他们避之不及，这是因为每个人都有自尊心，也希望通过很多事情树立自信心。如果一味地被他人否定，则无论是自尊心还是自信心都不能得到满足，久而久之必然产生挫败感，导致自己缺乏信心。因而，聪明人从来不会直接否定他人，更不会直截了当地告诉他人："你错了。"真正

充满智慧的人，总是能够委婉的表达自己的意思，并且还能用赞美的方法，激励他人，从而曲折地达到他想要改变他人、提升他人的目的。

细心的人会发现，很多事情都是需要润滑的，尤其是人际关系。举个最简单的例子，男士在为自己刮胡须时，为了避免被锋利的刀刃伤到，会首先给胡须涂满肥皂水。这样一来，在刮胡子的时候就不会感到疼痛了。再举个例子，现代社会的教育界为什么提倡表扬和鼓励孩子呢？也是为了让孩子在积极愉悦的状态中主动自发地进步，而不是被打压和批判。不但孩子需要赞扬和鼓励，成人同样如此。由此可见，多多鼓励和赞扬身边的人，是多么重要啊！

为了举办一次大规模的短期培训，卡耐基租下了位于纽约的一家饭店的宴会厅，约定租期是一个月。原本，他已经与饭店经理协商好了相关事宜，因而他印好了一切的门票、邀请函，而且也将其全部寄出了。不想，饭店经理突然发出通知给他：租金涨到此前协商好的四倍多。得到这个消息，卡耐基未免觉得有些被动，因为整个短期培训都已经筹划到位了，而且很多项目都已经实施了。为此，他找到饭店经理，说："您好，我接到了您的通知，觉得万分惊讶。当然，我知道这一切并不是你的责任，换作是我当饭店经理，为了给老板一个交代，肯定也会尽量提高收入。不过，我只是想分析一下价格突然翻几倍对饭店的影响，肯定是有利有弊的。"

说着，卡耐基拿出一张纸，在上面注明"利"：宴会厅也许能够租下来给其他人使用，价格也许会很高；宴会厅也可以不出租，而作为其他的用途；租给我，显然你们也许会因此错过更好的创收机会。接下来，卡耐基又在一张纸上注明"弊"：我因为价格突然翻了几倍，不得不另外找合适的场所，如果宴会厅不能如愿以偿地出租，连低价的租金也变成竹篮打水一场空；我的培训都是针对高端人士的，相当于免费为饭店做广告，能够让饭店不花任何钱就吸引来无数人士参观。最后，卡耐基说："经理先生，您觉得综合考虑的话，究竟是利大还是弊大呢？"在卡耐基认真、客观的分析下，饭店经理陷入沉思。次日清晨，他就派人给卡耐基送去最新通知：租金涨幅50%，而并非此前的四倍之多。

在这个事例中，面对饭店经理单方面把租金涨到四倍之多，卡耐基虽然恼火，但是还没有失去理智。因而，他并没有直接指责饭店经理见利忘义，违背双方的口头约定，而是以心平气和的方式，给饭店经理分析利弊，帮助他做出选择。毫无疑问，饭店经理也是很有经济头脑的，在听到卡耐基的分析后，他不由得怦然心动，最终决定租金只涨价50%，依然租给卡耐基。如此一来，卡耐基在没有指责饭店经理的情况下，轻而易举地就达到了目的。

每个人都会犯错误，这一点是任何人都无法避免的。在遇到他人犯错时，最好的方法并不是直截了当地否定对方，或义正言辞地指责对方。要想圆满解决问题，我们必须找到最合适的办法，才能事半功倍。聪明的人总是会用高明的方法"点拨"犯错的人，从而帮助他们主动自发地认识和反省错误，及时改正。

尊重他人的隐私，别伤害他人的自尊

人与人交往，一定要以彼此尊重为基础。唯有如此，才能建立更加和谐平等的关系。当然，人际交往也是有禁区的，即别人的隐私碰不得。偏偏生活中，有很多人总爱拿他人的隐私开玩笑，最终伤害他人的自尊，友谊也随之付诸东流。结交一个朋友，努力经营友谊，需要漫长的过程，需要真心的付出和努力，因而在拿他人隐私开玩笑之前，我们必须衡量好一时的口舌之快和深情厚谊之间的关系。

所谓隐私，就是他人独自保守的不想为他人所知道的秘密的，这个秘密一旦公开，就会给他人带来极大的困扰，让他人颜面尽失。如果你拿着他人的隐私开玩笑，则你们的情谊也会受到伤害。原本，与他人聊天，开个玩笑让大家娱乐，是无可厚非的。但是如果把每个人的快乐都建立在他人的隐私之上，由此让他人难堪和痛苦，就得不偿失了。这样的玩笑，开得没有任何意义，反而导致现场的气氛变得尴尬，导致事与愿违。

　　任何时候，开玩笑都是有原则的。其中，最首要的原则就是不能触碰他人的隐私，更不能触碰他人的软肋。不管是对于朋友、亲人，还是对于同学、同事，要想关系更加亲密无间，就必须遵守原则，避免触碰底线。常言道，良言一句三冬暖，恶语伤人六月寒。即使你在拿他人隐私开玩笑时并非出于恶意，但是也切实给他人的心灵带来伤害，而且言语的伤害并非那么容易消除的。

　　张伦平日里最喜欢开玩笑，虽然没有恶意，但因为管不住自己的嘴巴，导致玩笑伤人，因而得罪了很多朋友。有一次，张伦的好朋友马玉喜得贵子，因而张伦带着精心准备的礼物前去喝满月酒。看到张伦来了，马玉高兴地迎上前去。张伦拿出礼物，居然是一支包装精美的钢笔和一本珍藏版的新华字典。马玉的老婆看到礼物，笑着说："张伦，就数你的礼物最特别。孩子还这么小，你居然给他送字典和钢笔。"这时，张伦当着所有人的面满脸坏笑地说："因为你家的公子与众不同啊。你想啊，别人家的孩子都要结婚之后一年才能出生，你家的呢，我们这才喝完喜酒三个月吧，公子就猴急猴急地出来见世面了！"听了张伦的话，在场的亲朋好友全都哈哈大笑，但是马玉夫妇却满面羞愧。原本，他们奉子成婚就有些尴尬，如今却又被张伦拿出来公然开玩笑，不禁更让他们觉得无地自容。从此之后，马玉夫妇就有意地疏远了张伦，即使在张伦结婚的喜宴上，他们也只是让人带去礼金，而没有出席。

　　张伦的玩笑话，虽然给大多数人带来了欢乐，但是却无形中伤害了马玉夫妇的面子和自尊。俗话说，人活一张脸，树活一张皮。对于他人的隐私，只要心知肚明就好，实在没有必要当着无数人的面揭短。正因为如此，张伦失去了多年的好朋友。这个玩笑的代价，未免有些太大。作为生活的调剂，我们实在没有必要为了可有可无的玩笑话，得罪辛苦经营、用心维护的好朋友啊！

　　无论是出于好心还是恶意，我们都不能因为口无遮拦给他人的心灵带来伤害，尤其不能以他人的隐私开玩笑。当你不尊重他人时，他人也一定对你缺乏应有的尊重，日久天长，你必然会与朋友渐行渐远。社交场合的交谈，应该以愉快为主。很多话，我们都必须管好嘴巴，根据时间、情景和所面对的人决定是否说出来。古人云，祸从口出，是有一定道理的。我们只有谨言慎行，保护好他人的隐私，才能与他人更好地交往。

沉默是金，有时候要管好自己的嘴

　　有些人常常在公共场所滔滔不绝。殊不知，很多时候就会将自己困于言多必失的境地，甚至在某些时候为自己带来一些不必要的麻烦。我们常说："言多必失。"意思就是说如果一个人总是滔滔不绝地讲话，说的多了，话里自然而然地会暴露出很多问题。言多必失，祸从口出。特别是在人多的场合，你一旦不小心失言，你的话就可能中伤或伤害到某个人，这还会为你招惹不少祸端。在生活中，工作中，你的一言一行都关系着个人的成败荣辱，所以言行一定要谨慎。如果你平时是一个话比较多的人，那么一定要把自己的嘴管好，以防言多必失。

如果你不想为自己无端引来祸事，那么就要把"三缄其口"作为自己处世的座右铭。聪明的女人，往往说话就很会把握分寸，她们不管在什么场合都表现得落落大方。她们在说话的时候，说得很充分，不该说的时候，一句话也不会说。特别是在有些场合，她们知道哪些话该说，哪些话不该说，她们一定会严把自己的嘴关，所以她们在交际中总是如鱼得水，显得游刃有余。在古代，如果在一些场合说了一些不符合时宜的话，甚至可能会为自己招来杀身之祸，所以，说话一定要谨慎为妙。

清朝雍正皇帝喜欢观看杂剧，如果他觉得哪个杂剧演得好，就会赏赐一些东西给演员。一次，他观看了一出很精彩的杂剧，因为杂剧的曲子很不错，演员们的演技也都很好。于是，雍正便亲自赏赐了一些美酒和食物给演杂剧的演员们。因为剧中人物郑儋是常州的刺史，于是，一个演员便问雍正："现在的常州令是谁？"雍正立即大怒："你一个优伶之辈，怎么可以大胆问起官吏之事！此风实不可长。"便命令人将那位演员在阶下乱棍打死。

那位演员只是好奇地问了一句，哪知那句话本来就不是他该去问的。所以，他的一句话就为自己招来了杀身之祸，因为一句话，自己就命丧黄泉了。所以，说话一定要适当，不该说的一定不要说，谨防"祸从口出"。有的女人往往是口齿伶俐，她们在交际场合中常常是为了显示自己的口才。于是便对众人口若悬河，滔滔不绝，这虽然在一定程度上会为你增添不少的吸引力。但是如果你口无遮拦，无意中说错了话，说漏了嘴，也是很难补救的。所以，女人在人多的场合尽量少讲话，并且要讲究"忌口"。否则，你就因为自己的言行不慎而让别人下不了台，有时候还会因此而办砸事，那是得不偿失的事情。

生活中我们常常看到这样的场景：无论是在饭店里还是在办公室，只要三五个女人一扎堆，十有八九就会开始议论起自己的同事或者身边熟悉的人。女人好像天生就喜欢八卦别人的隐私，她们不放过任何机会展现自己"卓越"的口才。可是，世上没有不透风的墙，如果你在大家面前夸夸其谈，而且是谈论的别人的流言蜚语。在你身边的听众，就有可能在某个时候揭发你的言行，到时候你就会显得尴尬和痛苦了。女人要切记，有一句话叫"覆水难收"，自己说出口的话是收不回来的。所以为了防止祸从口出，你就应该随时管好自己的嘴，对于自己说的每一句话都要斟酌，要多为自己长个心眼，不要说错话，说漏嘴。有的时候，祸事往往是由于误会产生的，说者无意听者有心，有可能你无意中说的一句闲话就可能引发很严重的误会。

女人如果在工作场合中总是滔滔不绝地说话，说多了，话里自认而然地会暴露出很多问题，比如你对工作的态度，你对上司的看法，你以后工作的打算等，就会从你的谈话中流露出来，被你的同事所了解。她们就会把你对上司的看法和工作态度，打小报告一样给上司说，你就把自己陷入了一个窘迫的境地。所以，在生活和工作中，女人要注意自己的一言一行。

不管在任何场合和地方，所面对的话题，我们都要做到说话有分寸，言多必失，一定严把自己的嘴关，要时刻注意几点：

（1）在公共场合切忌谈论别人的隐私和错处。

（2）不要说伤害他人自尊的话。

（3）无论在什么场合，都要注意说话形式要适应场合。

重要的话留三分，给他人表现的机会

中国有句俗话："好话一句三冬暖，恶语伤人六月寒，话到嘴边三分留。"的确，人际交往中，我们与人说话，切不可占尽先机，而应把重要的话留三分，给他人表现的机会，让其说出关键点。这样，对方会从心里感激我们让给他的表现机会，进而对我们产生好感。法国哲学家拉·罗切福考尔德说过：如果你希望得到敌人，就超过你的朋友，但若想得到朋

友，就让他们超过你吧。为什么这么说？因为从心理的角度看，当朋友超过我们时，他们便充满了成就感，但情况若是相反，他们会深感羞耻并充满嫉妒。与人说话，同样是这个道理，让他人充满成就感，能使我们结交友谊，掌握交际的主动权。我们来看看下面的故事：

有一次，纽约报纸的财经专页上刊登了一则大型广告，招聘具备特殊能力和经历的人，卡贝利斯应征了这则广告，并把简历寄出。几天后，他接到一封面试邀请信，面试前，他花费几个小时的时间在华尔街寻找这家公司创始人的一切消息。

面试开始了，他从容不迫地说："我非常庆幸自己能够和这样的公司合作。据我了解，这家公司成立于28年前。当时只有一间办公室和一名速记员，对吗？"

几乎所有的成功人士都喜欢回忆创业之初的情景。这位老板也不例外，他花了很长时间来谈论自己如何以450美元现金和一个原始的想法创业，并如何战胜了挫折。他每天工作16~18个小时，节假日也不休息，最终战胜了所有的对手，现在华尔街最知名的总裁也要到这里来获取信息和指导，他为此深感自豪，而这段辉煌经历也的确值得回忆，他有资格为此骄傲。最后，他简要地询问了卡贝利斯的经历，然后叫来副总裁说："我认为这就是我们需要的人。"

卡贝利斯先生之所以会应聘成功，是因为他掌握了一些经历千辛万苦的成功人士的心理，那就是，他们都喜欢缅怀自己的过去，并希望得到他人的敬仰。掌握这一心理后，他大费周折地研究未来雇主的成就，表现出对他的强烈兴趣，他还鼓励对方更多地谈论自己，而这一切都给老板留下了美好的印象。试想，如果他主动说出未来雇主的创业史，即使语言再精彩，恐怕也只会让对方觉得你只是个很好的演说家，而不是"他们需要的人"。所以，如果你想赢得朋友，就请记住：给他人说话的机会，把重要的话让给对方说。

那么，我们怎样才能让对方说出这一关键话呢？

1.提问法

我们要想让把表现的机会让给别人，就要为别人创造说话的契机，而提问是一种很好的引导法。就向故事中的卡贝利斯先生问雇主："当时只有一间办公室和一名速记员，对吗？"面对这一提问，对方一般都会顺着问话者的思路回答问题。

2.不要打断别人说话

交际中，与人说话，我们可能会遇到另外一种情况，那就是你不同意别人的观点，这时你也许很想打断他，但是最好不要这样做，人们在自己还有一大堆意见要发表的时候，是不会注意到你的，所以要保持开阔的心胸耐心听下去，并诚恳地鼓励他人把意见完整地表达出来。

这种方法在商业中同样适用。让我们来看看，下面是一个使用此方法的销售代表的故事。

美国最大的汽车制造公司决定购买一整年用的装饰织物。

三个重要生产厂家都提供了自己的织物样品。汽车公司进行了检验并发出通知，每家公司都有机会派一名销售代表在指定的日子里为争取合同做出陈述。

其中一个厂家的销售代表R先生，抵达该地时正患有严重的喉炎。

轮到他和公司总裁见面时，他已经说不出话来了，连轻声耳语也很困难，他被带进一间屋内，发现里面坐着纺织品工程师、销售代理，营销总监以及公司总裁。他站起身来，费劲地想要说话，但只能发出嘤嘤声。这些人围坐在桌子旁，于是他在便签上写道：先生们，我嗓子哑了，无法说话。

"我可以替你说话"，总裁说，说完，这名总裁就把R显示的样品陈列出来并逐一说明其优点，关于产品品质的一场生动讨论就此展开。总裁既然是替R先生说话，很自然站在了R先生这一边，而R先生做的只是微笑，点头和打一些手势。

这场特别会议的结果是R先生赢得了合同，装饰织物需求量总价值160万美元，而这是这位销售代表迄今为止拿到的最大订单。

从这个故事中，我们假想一下，如果这位销售代表没有失声，则很可能会失去这份合同。可见，让他人讲话的回报竟是如此丰厚。

3.寻求帮助法

也就是说，我们在与人说话的时候，不要显得无所不知，关键时候，你不妨对对方说："这个问题我还真不清楚，您能帮我跟大家解释一下吗？"很明显，这样一说，话语权就交到了对方手里。同时，也能体现对方的能力，这是变相给对方增光添彩。

一个精明的英国人曾经说过："一个人在世界上可以有许多事业，只要他愿意让别人替他受赏。"的确，我们与人交际也是这个道理，说话留三分，让他人说出关键点，给他人表现的机会，在别人心中留下好印象，你会发现这种做法将会有利于长远的利益和奋斗目标！

 ## 说话给他人留面子，刻薄的人讨人厌

中国人历来比较注重面子的价值，在官场上、酒桌上、社交场合，人们都把自己的面子看得比什么都重要，誓死捍卫自己的面子。"面子"这个古老的中文词汇在它诞生之初就有了非比寻常的意义，以至于我们很多人无法不重视它的存在。当人们在无法判断某人的才华能力或权力地位的时候，就会观察其是否能博得面子来判断其为人。于是乎，就诞生了这样一句话"交际场上，面子大过天"，大多数人明白这样的道理，自然也就懂得了在交流沟通时维护到他人的面子。

可是，对于某些人来说，他们偏偏不认这个理，说话咄咄逼人，信口开河，丝毫不顾及别人的情面，以至于闯下大祸。在日常交际中，最忌讳的是沟通出了问题，本来只要见好就收，对方也就不再声张了，可有的人就是嘴巴闲不住，硬是多说了那么几句或一句，结果，扫了对方的面子，搅黄了整个沟通，而且，也得罪了对方，这简直是得不偿失。所以，在某些交际场合，你想表达什么观念或意见，尤其是涉及情面的事情，见好就收吧，别不留情面，否则，苦头只有你自己吃。

有一天，一位穷朋友从乡下来到京城皇宫门前求见明太祖。朱元璋听说是以前的老朋友，非常高兴，马上传他进殿。谁知这位穷朋友一见朱元璋端坐在宝座上，昔日的容貌并没有发生太大的变化，便忘乎所以地说："我主万岁！您还记得我吗？从前你我都替人家放牛，有一天我们在芦花荡里把偷来的豆子放在瓦罐里清煮。还没等煮熟，大家就抢着吃，甚至把罐子都打破了，撒了一地的豆子，汤也都泼在泥地上。你只顾满地抓豆子吃，不小心连红草叶子也送进嘴里，叶子梗在喉咙里，苦得你哭笑不得，还是我出的主意，叫你用青菜叶子吞下去，才把红草叶子带下肚里去。"这个人还想继续说下去，可朱元璋早就听得不耐烦了，嫌这个孩提时的朋友太不顾情面，于是大怒道："推出去斩了！推出去斩了！"

后来，这件事让另外一个穷朋友知道了，心想这个老兄也太莽撞了，对于曾经与朱元璋的旧情，只需见好就收，何必说了那么一大堆，反而扫了朱元璋的面子。于是，他心生一计，信心十足地去见他小时候的朋友，也就是当今的皇帝。这个穷朋友来到京城求见朱元璋，行过大礼，这个人便说："我皇万岁万万岁！当年微臣随驾扫荡沪州府，打破罐州城，汤元帅在逃，拿住了豆将军，红孩儿挡关，多亏了菜将军。"朱元璋一听，不禁大笑，他认出了眼前的这个是孩提时的朋友，心中更为此人巧妙地暗示他们小时候在一起玩耍的事而高兴，于是让他做了御林军总管，留在了自己的身边。

同是儿时朋友，所受到的待遇却是迥然不同。前者说话太莽撞，不懂得见好就收的道理。本来，你若是与朱元璋有旧情，只需点到为止即可，却偏偏扯出那么多往事，当着这么多人，岂不是不留情面，结果，把朱元璋儿时的糗事一股脑儿说出来。试想，这时已身为明太祖的朱元璋怎么能受这样的戏谑，最终那位穷朋友非但没有讨到好处，反而赔上了自己的性命；而后者只是简单地聊了儿时的趣事，见好就收，其中还包含了对朱元璋的敬仰，最后他做了御林大将军。

（1）给对方留面子，就是给自己面子。许多人不知道这样一个道理，你若是给了别人面子，其实就是给自己面子。可能，在现阶段，对方的处境并不怎么样，但是，你也没必要赶尽杀绝，硬是要扫了他的面子。凡事多与人为善，今天你给对方留面子，日后他肯定会把这面子留给你。

（2）避开对方过往的敏感旧事。隐私就是不可公开或不必公开的某些事情，有可能是缺陷，有可能是秘密。因此，我们在进行语言交流的过程中，需要避开彼此的隐私，即使无意中提到了那么一两句，也需要见好就收，别不留情面。

（3）得饶人处且饶人。在生活中，有可能会出现这样的情况：对方无意之中犯下了错误，可你却总是揪着对方的错误不放，说话越来越过分，丝毫不顾及对方的情面。其实，不管对方是无意的还是有意，既然错误已经发生了，再说那么多的话也于事无补，所谓"得饶人处且饶人"，批评的话也见好就收吧，别不留情面，否则，他日对方若有了出头之日，定会向你讨这旧耻雪恨。

参考文献

［1］克莱泽. 谈话的艺术［M］. 史津海，杨柳，译. 北京：百花文艺出版社，2009.

［2］戴博拉·弗恩. 谈话的艺术［M］. 曹毅然，译. 南宁：广西师范大学出版社，2006.

［3］吴小芳，吴利元. 谈话的力量［M］. 北京：文汇出版社，2018.

［4］道格拉斯·斯通，布鲁斯·佩顿，希拉汉. 高难度谈话［M］. 北京：光明日报出版社，2018.